科学探索丛书 KEXUE TANSUO CONGSHU

天文学发现之旅

TIANWENXUE FAXIAN ZHILV

陈敦和　主编

上海科学技术文献出版社
Shanghai Scientific and Technological Literature Press

图书在版编目(CIP)数据

天文学发现之旅/陈敦和主编.—上海:上海科学技术文献出版社,2019
(科学探索丛书)
ISBN 978-7-5439-7906-2

Ⅰ.①天… Ⅱ.①陈… Ⅲ.①天文学—普及读物
Ⅳ.①P1-49

中国版本图书馆CIP数据核字(2019)第081266号

组稿编辑:张 树
责任编辑:王 珺 黄婉清
助理编辑:朱 延

天文学发现之旅

陈敦和 主编

*

上海科学技术文献出版社出版发行
(上海市长乐路746号 邮政编码200040)
全国新华书店经销
四川省南方印务有限公司印刷

*

开本700×1000 1/16 印张10 字数200000
2019年8月第1版 2021年6月第2次印刷
ISBN 978-7-5439-7906-2
定价:39.80元
http://www.sstlp.com

前言 Preface

天文学是一门古老的科学，自有人类文明以来，天文学就有了重要的地位。远古时代，人们为了辨明方向、确定时间和季节，开始对太阳、月亮和星星进行观察，找出它们的变化规律，并据此编制历法。从这一点来说，天文学是最古老的自然学科之一。

多少个世纪以来，天文学家们一直凝望着苍穹，想要弄清楚地球在宇宙中的位置；想知道地球外的其他星体的真面目；想弄明白太阳的能量来源；想知道地球和太阳到底谁是谁的主宰……随着天文观测工具的不断更新发展和天文学理论的发展、丰富，人们明白了地球不是宇宙的中心，人们知道了天空中的星星有恒星、行星、彗星等多种类别，弄清楚了夜空中的“银色飘带”是银河的旋臂，在银河深处还有很多未知的天体。进入21世纪以来，天文学的发展进入了一个崭新的阶段，人类的视野正在向宇宙深处推进。看不见的宇宙射线、连光都能吞噬的黑洞，还有那需要人类精确观测、精准计算才能发现的宇宙膨胀等问题成为人类天文研究的新热点。

不少人认为天文学离现实生活很远，其实天文学就在我们的身边。如跟我们的农业生产紧密相关的二十四节气，就是根据太阳在黄道（即地球绕太阳公转的轨道）上的位置，把一年划分为24个彼此相等的段落，也就是把黄道分成24等份，每份占黄经15°。二十四节气能反映季节的变化，指导农事活动，影响着千家万户的衣食住行。再如，人类还可以以天体为坐标，来测定地面点在地球上的具体位置，为大地测量、地球物理学、地质学、地理学和制图学以及航空、航海的导航提供必要的参考数据。因此，天文学在人类的文明史中也占有重要的地位。

今夜星光灿烂，就让我们在抬头仰望星空中，展开人类的天文学发现之旅，感受人类智慧的神奇吧！

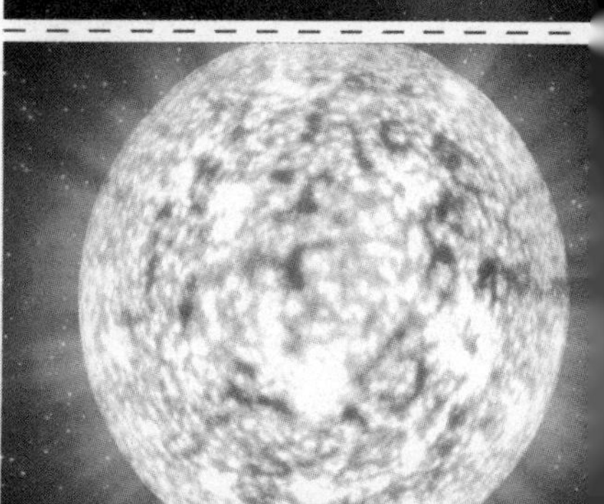

目录 Contents

第三章 来自宇宙的信息 97

第四章 揭示宇宙的命运 133

第一章

探寻耀眼星空

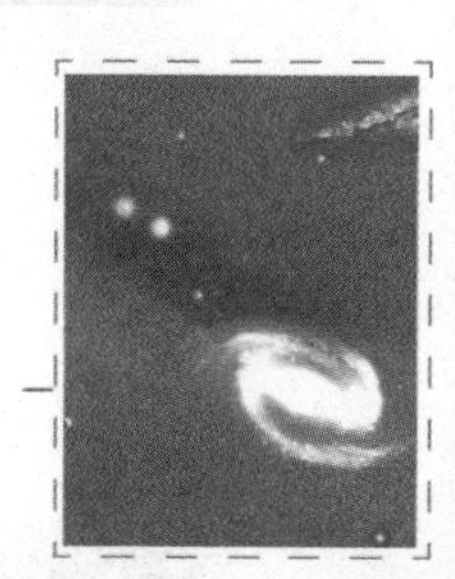

“一闪一闪亮晶晶，满天都是小星星。”在晴日夜空，满天繁星闪动着亮光，将夜空衬托得更加辽阔、壮美。恒星、行星、卫星、彗星等星体是组成宇宙的生命体，让宇宙变得丰富多彩。

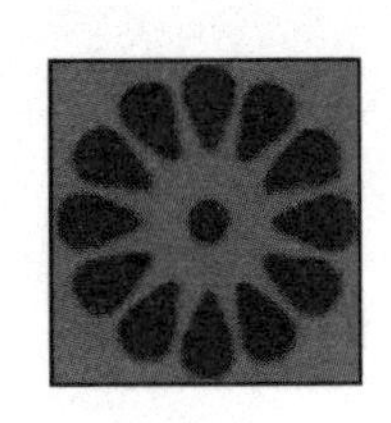

行星的运行

引言：

“行星”这个名字的由来是因为它们的位置在天空不固定，就好像它们在行走一样。一般来说行星需具有一定质量，行星的质量要足够的大且近似于圆球状，自身不能像恒星那样发生核聚变反应。

认识行星

什么是行星

行星通常指自身不发光，环绕着恒星的天体。其公转方向常与所绕恒星的自转方向相同。

如何定义行星这一概念在天文学上一直是备受争议的问题。国际天文学联合会大会2006年8月24日通过了“行星”的新定义，这一定义包括以下三点：

1.必须是围绕恒星运转的天体；

2.质量必须足够大，来克服固体应力以达到流体静力平衡的形状（近于球体）；

3.必须清除轨道附近区域，公转轨道范围内不能有比它更大的天体。

↓地球是太阳系八大行星之一

太阳系八大行星

太阳系中的八大行星按照离太阳的距离从小到大依次为水星、金星、地球、火星、木星、土星、天王星、海王星，其中肉眼可见的为水星、金星、火星、木星、土星。其实，在2006年之前人们普遍认为太阳系中的大行星还有冥王星，但是随着一颗比冥王星更大、更远的天体的发现，2006年8月24日召开的国际天文学联合会第26届大会将其定义为矮行星。在天文学的不断发展之下，国际天文学联合会下属的行星定义委员会称，不排除将来太阳系中会有更多符合标准的天体被列为行星。这八大行星构成了一个围绕太阳旋转的行星系—— 太阳系的主要成员。

从行星起源于不同形态的物质出发，可以把八大行星分为三类：类地行星、巨行星及远日行星。

类地行星就是与地球相类似的行星，包括水星、金星、地球、火星。它们距离太阳近，体积和质量都较小，平均密度较大，表面温度较高，大小与地球差不多，也都是由岩石构成的。天文学家认为这些行星可能孕育生命，因而具有研究意义。

木星和土星是行星世界的巨人，称为巨行星。它们拥有浓密的大气层，在大气之下却并没有坚实的表面，而是一片沸腾着的氢组成的“汪洋大海”。所以它们实质上是液态行星。

远日行星指天王星和海王星，因为它们是在望远镜发明之后才被发现的，所以被称为远日行星。它们拥有主要由氢分子组成的大气，通常有一层非常厚的甲烷冰、氨冰之类的冰物质覆盖在其表面上，再以下就是坚硬的岩核。

↓八大行星按照各自的轨道围绕太阳旋转

↑围绕太阳旋转的八大行星都在时刻接收来自太阳的能量

在一些行星的周围，存在着围绕行星运转的物质环，它们由大量小块物体（如岩石、冰块等）构成，因反射太阳光而发亮，被称为行星环。20世纪70年代之前，人们一直以为唯独土星有光环，以后相继发现天王星和木星也有光环，这为研究太阳系起源和演化提供了新信息。

行星的形成

行星是如何形成的呢？

人们认为在一个恒星边上，可能吸收了比较多的宇宙灰尘，拿太阳举例：太阳大约在40亿年前，就吸收很多灰尘，灰尘之间互相碰撞，粘到一起。长期以来，出现了大量的行星胚叫作星子，当时至少有几十亿的星子围绕太阳运动。星子之间的作用规律

↓地球上万物的生长都离不开太阳

是：两个星子如果大小差距悬殊，并且彼此的速度不大，碰撞以后，小星子就会被大星子吸引而被吃掉。这样，大的星子越来越大。如果两个星子大小相差不多，彼此速度很大，它们碰撞后就会破裂，形成许多小块儿，而后，这些小块儿又陆续被大星子吃掉。这样，星子越来越少。大行星就是当时比较大的星子，无数没被吃掉的小星子就形成了小行星。

随着天文学的发展，现在最新研究认为：行星是从黑洞中产生的。一些科学家认为：银河系中央的小型黑洞能够超速“喷射”行星。在此之前，科学家认为只有特大质量黑洞才能以超速喷射行星。

黑洞是一种引力极强的天体，之所以被称为黑洞是因为它就像宇宙中的无底洞，任何物质一旦掉进去，“似乎”就再不能逃出，就连光也不能逃脱。而且我们无法直接观测到黑洞，只能通过测量它对周围天体的作用和影响来间接观测和推导到它的存在。

美国哈佛—史密森天文物理中心赖安·奥利里和阿维·利奥伯从事的研究表明，银河系中央许多小型黑洞喷射出大量行星。这些小型黑洞的质量大约只有太阳的10倍，一些研究认为银河系中央至少有25000个小型黑洞

↓宇宙就好似一个“万花筒”，其中蕴藏着无穷的秘密

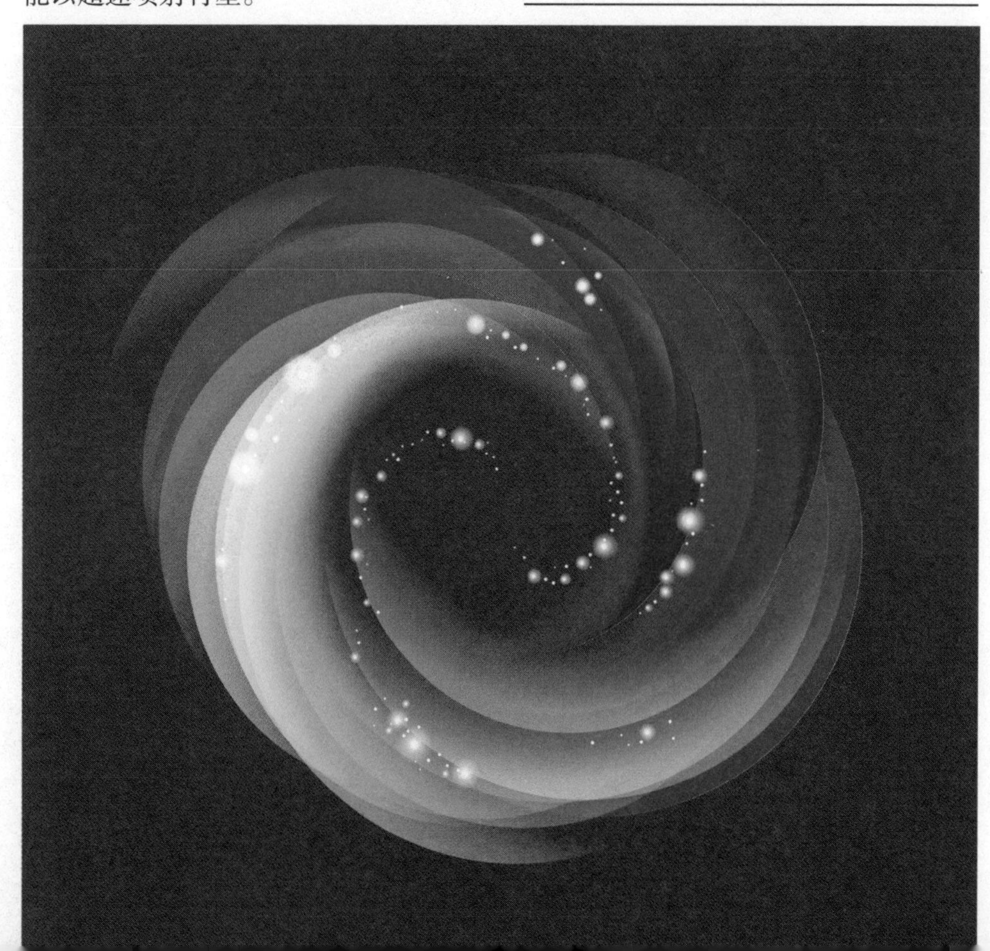

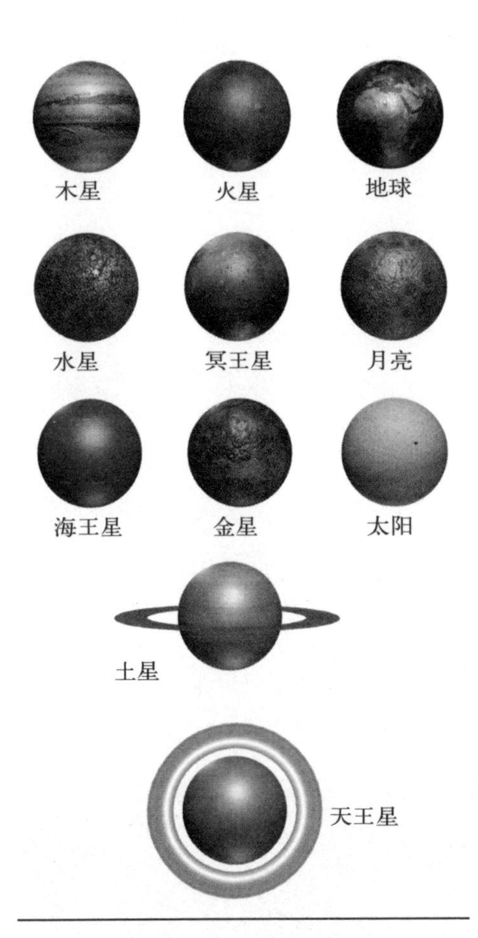

↑这些行星、恒星、卫星是宇宙的“生命体”之所在

围绕在特大质量黑洞附近。当某些小型黑洞将行星喷射出银河系时，它们会进一步地靠近特大质量黑洞。利奥伯说，“小型黑洞比特大质量黑洞排斥喷射行星的速度更快！”至于到底有多少黑洞可以喷射行星以及是如何排斥喷射的，这还有待于人类的继续研究和发现。

小行星

小行星是太阳系内类似行星环绕太阳运动，但体积和质量比行星小得多的天体。太阳系中大部分小行星的运行轨道在火星和木星之间，称为小行星带。另外在海王星以外也分布有小行星，这片地带称为柯伊伯带。至今为止在太阳系内一共已经发现了约70万颗小行星，但这可能仅是所有小行星中的一小部分。

我们对小行星的所知很多是通过分析坠落到地球表面的太空碎石。那些与地球相撞的小行星称为流星体。当流星体高速闯进我们的大气层，其表面因与空气的摩擦产生高温而汽化，并且发出强光，这便是流星。如果流星体没有完全烧毁而落到地面，

↓岩石、冰块是一些行星的主要成分

便称为陨星。

过去人们以为小行星是一整块完整单一的石头，但小行星的密度比石头低，而且它们表面上巨大的环形山说明比较大的小行星的组织比较松散，说它们是由于重力组合在一起的巨大碎石堆更合适。这样松散的物体在大的撞击下不但不会碎裂，而可能将撞击的能力吸引过来。但是完整单一的物体在大的撞击下会被冲击撞碎。另外大的小行星的自转速度很慢，假如它们的自转速度高的话，它们就可能会被离心力解体。现在天文学家一般认为直径大于200米的小行星主要是由这样的碎石堆组成的。而部分较小的碎片更成为一些小行星的卫星，例如：小行星87便拥有两颗卫星。

行星运行定律

行星运行定律

行星运行定律是由德国天文学家开普勒根据丹麦天文学家第谷·布拉赫等人的观测资料和星表，通过他本人的观测和分析后，于1609～1619年先后归纳提出的，所以行星运行定律又称为开普勒三定律。

（1）开普勒第一定律

开普勒第一定律，又称椭圆定律、轨道定律：所有的行星围绕太阳运动的轨道都是椭圆，太阳处在所有椭圆的一个焦点上。

（2）开普勒第二定律

开普勒第二定律，也称面积定律：在相等时间内，太阳和运动着的行星的连线所扫过的面积都是相等的。

用公式表示为：$S_{ABF}=S_{CDF}=S_{EKF}$

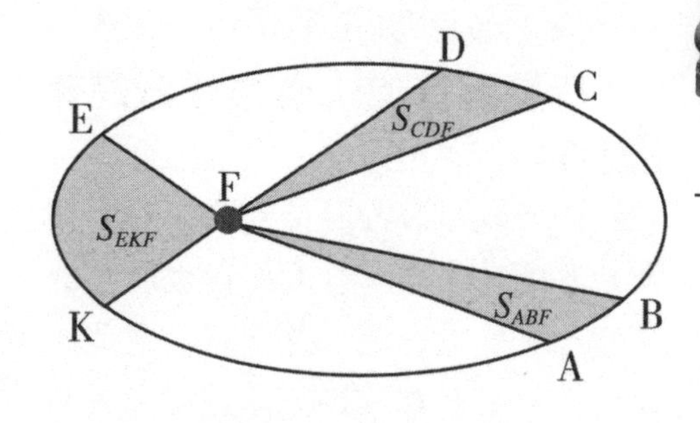

（3）开普勒第三定律

开普勒第三定律，也称调和定

↓地球在广袤的宇宙中显得十分渺小

律：指绕以太阳为焦点的椭圆轨道运行的所有行星，其椭圆轨道半长轴的立方与周期的平方之比是一个常量。

用公式表示为：R^3/T^2=k

其中，R是行星公转轨道半长轴，T是行星公转周期，k=$GM/4\pi^2$=常数

行星运行的轨道为什么是椭圆形的

行星的运行轨道是椭圆形的，在开普勒的发现之后，人们通过严密的科学计算，也证实了这一点。在此之前，人们一直都认为天体遵循完美的周期圆周运动。哥白尼知道几个圆合并起来就可以产生椭圆，但他从来没有用椭圆来描述过天体的轨道。因此开普勒说："哥白尼没有觉察到他伸手可得的财富。"

人们在认识到行星的运行轨道为椭圆形之后，又开始思考为何是椭圆，而不是圆形呢？为此在科学界产生了不同的说法。

（1）碰撞说理论。碰撞说认为，早期的太阳系在形成过程中，原始的行星受到了小行星的撞击和其他一系列扰动，才导致椭圆轨道的形成。这叫行星徙动理论。但碰撞说难以解释太阳系的角动量分配异常。因此此说法并没有得到人们的信服。

（2）另有一种观点认为行星呈椭圆形运行是由它们的初速度和与太阳的距离决定的。

地球膨裂说认为行星是原始太阳大爆炸形成的产物。行星是在太阳赤道发生爆炸处飞离太阳，行星在这一点的初速度最大，离心力最大。行星从这一点开始在太阳万有引力的作用下，围绕太阳公转。因为行星的离心力大于太阳的万有引力，行星离太阳越来越远，行星的公转速度越来越小，行星的离心力越来越小，太阳的万有引力越来越小；当行星的离心力等于太阳的万有引力时，行星便停止飞离太阳（远日点）；当行星的离心力小于太阳万有引力时，在太阳万有引力的作用下行星开始飞近太阳，行星离太阳越来越近，太阳的万有引力越来越大，行星的公转速度越来越大，离心力越来越大；当行星的离心力等于太阳的万有引力时，行星便停止飞近太阳（近日点）；当行星的离心力大于太阳万有引力时，行星又开始飞离太阳，进行第二圈公转，周而复始。由此可以看出行星的近日点处行星的公转速度最大，行星的公转轨道是一个椭圆形。当然，由于各行星的初速度不同，它们的椭圆形轨道也不同。

开普勒的发现之旅

开普勒定律对行星绕太阳运动作了一个基本完整、正确的描述，解决了天文学的一个基本问题。这个问题的答案曾使甚至像哥白尼、伽利略这样的天才都感到迷惑不解。虽在有生之年，他的成就没有得到承认，但他的研究成果为

↓宇宙奥秘无穷，天文学家们的发现才使人类逐渐认清了地球于太空中的位置

现代宇宙理论奠定了基础。

结缘天文学

开普勒出生在德国南部的瓦尔城。他的一生颠沛流离，是在宗教斗争（天主教和新教）情势中渡过的。开普勒原是个新教徒，从学校毕业后，进入新教的神学院——杜宾根大学攻读，本想将来当个神学者，但后来却对数学和天文学产生浓厚兴趣，并在格拉茨高等学校中担任数学和天文学讲师及编制当时盛行的占星历书。在校工作期间，开普勒完成了第一部天文学著作——《神秘的宇宙》，虽然他在该书中提出的学说完全错误，但却从中显露出了他的数学才能，也因此，他引起了伟大天文学家第谷·布拉赫的注意。在受到第谷的邀请之后，在1600年，开普勒成了第谷的助手，开始了他研究天文学的旅程。

↑天空中的行星是开普勒的主要研究对象

1601年，第谷逝世。约翰·开普勒接替了第谷的工作，开始编制鲁道夫星表。在这期间受罗马皇帝鲁道夫委任他为接替第谷的皇家数学家，开普勒在余生一直就任此职。开普勒对编制星表兴趣有限，而对改进和完善哥白尼的日心说、探讨行星轨道性质的研究兴趣浓厚。他发现第谷的观测数据与哥白尼体系、托勒密体系都不符合，于是决心寻找这种不一致的原因和行星运行的真实轨道。

相关链接

第谷·布拉赫是丹麦天文学家和占星学家。在1572年，他发现仙后座中的一颗新星，后来受到丹麦国王腓特烈二世的邀请，在汶岛建造天堡观象台。经过20年的观测，第谷发现了许多新的天文现象。第谷·布拉赫曾提出一种介于地心说和日心说之间的宇宙结构体系，他所做的观测精度之高，让世人惊叹；他编纂的星表的数据甚至已经接近了肉眼分辨率的极限，可以说，第谷是近代天文学的奠基人。

发现行星运行定律

第谷·布拉赫在天体观测方面获得不少成就，死后留下20多年的观测资料和一份精密星表。作为第谷·布拉赫的接班人，开普勒认真地研究了第谷多年对行星进行仔细观察所做的大量记录。第谷是望远镜发明以前的最后一位伟大的天文学家，也是世界上前所未有的最仔细、最准确的观察家，因此他的记录具有十分重大的价值。在开普勒利用这些观测资料和星标进行新星表的编制时，遇到了困难：按照正圆轨道来编制火星运行表一直行不通，火星总是越轨。经过长达4年近70次各种行星轨道形状设计方案的计算，开普勒认识到哥白尼体系的匀速圆周运动和偏心圆的轨道模式与火星的实际运动轨道不符。于是他大胆地抛弃了统治人类思想达2000年之久的"匀速圆周运动"观点，尝试用别的几何曲线来表示火星轨道的形状。他认为行星运动轨道的焦点应该在产生引力中心的太阳上，并进而断定火星运动的线速度不是匀速的，近太阳时快些，远太阳时慢些，并得出结论：太阳至火星的直径在一天内扫过的面积是相等的。开普勒把这结论推广到其他行星上，结果也是与观测数据相符。就这样，他首先得到了行星运行的等面积定律。随后他发现火

↓在宇宙中，各星球都按着自己特有的轨道运动着

星运行的轨道不是正圆，而是焦点位于太阳上的椭圆，他把这结论应用于其他行星也是适用的。于是他又得到了行星运行的椭圆轨道定律。这两条定律发表在他1609年出版的《新天文学》一书上。

行星第一、第二定律的证实都需要进行复杂冗长的科学计算，开普勒认为还有一种能适合所有行星的总体模式，可以将各行星联系在一起，他坚信有这样的一个简单法则。在这个信念的支持下，开普勒继续着他的发现之旅。

终于，在当时数学远不如今天这样发达的时代，在没有任何计算机器可以减轻计算负担的情况下，经过9年的反复计算和假设，1618年开普勒找到了在大量观测数据后面隐匿的数的和谐性：行星公转周期的平方与它们到太阳的平均距离的立方成正比。这就是周期定律。这一发现让开普勒十分欣喜，他情不自禁地写道："认识到这一真理，这是超出我的最美好的期望的。"1619年，他在《宇宙的和谐》中介绍了第三定律。发现之路总是太艰苦，而且发现并不见得一定会被人认可。开普勒在书中写道："大局已定，这本书是写出来了，可能当代有人阅读，也可能是供后人阅读的。它很可能要等一个世纪才有信奉者一样，这一点我不管。"

开普勒定律对行星绕太阳运动做了一个基本完整、正确的描述，解决了天文学的一个基本问题。但他并没能说明行星按其规律在轨道上运行的原因，也因此他的研究成果差一点被人们忽略。直到17世纪晚期，才由艾萨克·牛顿阐述明白。之后，人们逐渐认识到了开普勒定律在人类天文学研究中的重大意义。

开普勒定律的意义

在现在天文观测工具十分发达、天文学知识相对丰富的时刻，看行星运行定律似乎非常简单，但能够为世人指

↓八大行星就好似太阳系的8个孩子，时刻都围绕着太阳旋转

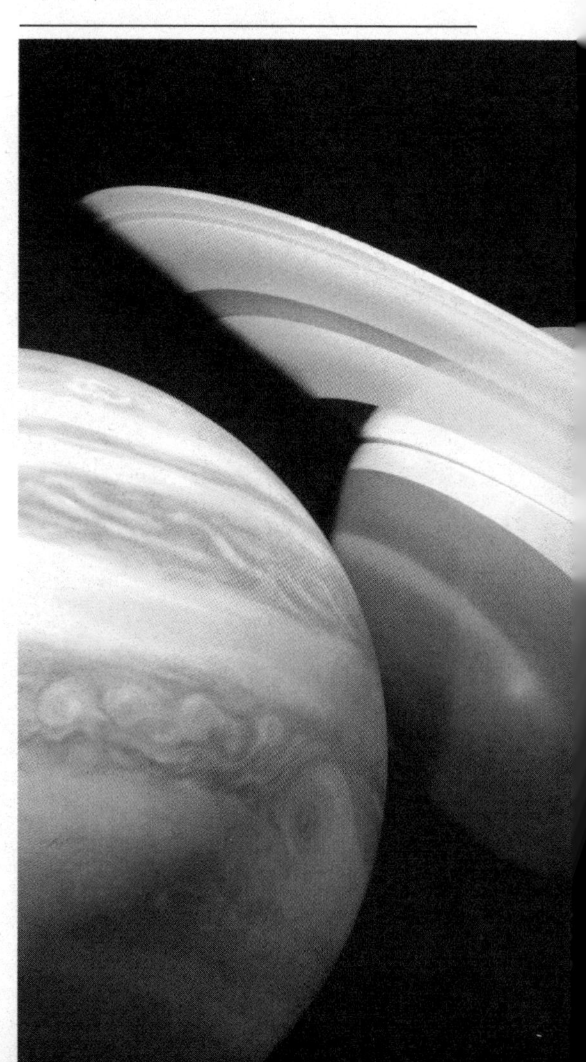

点迷津的发现是困难的。在没有望远镜的条件下，完全依靠前人的观测资料，只能进行人为的精心推算而取得如此辉煌的科学成果，则是罕见的。

开普勒的三定律是天文学的又一次革命，它彻底摧毁了托勒密繁杂的本轮宇宙体系，完善和简化了哥白尼的日心宇宙体系。开普勒以数学的和谐性探索宇宙，在天文学方面做出了巨大贡献，被后世的科学家称为“天上的立法者”。他试图建立天体动力学，从物理基础上解释太阳系结构的动力学原因。虽然他提出的有关太阳发出的磁力驱使行星做轨道运动的观点是错误的，但它对后人寻找出太阳系结构的奥秘具有重大的启发意义，为经典力学的建立、牛顿的万有引力定律的发现，都做出了重要的提示。

八大行星的运行概况

1.水星

水星最接近太阳，是太阳系中最小的行星。

基本参数：

公转周期：87.70 天

自转方向：自西向东

平均轨道速度：47.89 千米/每秒

轨道偏心率：0.206

轨道倾角：7.0 度

行星赤道半径：2440 千米

质量（设地球质量=1）：0.0553

密度：5.43 克/立方厘米

自转周期：58.65 日

公转轨道：距太阳57,910,000千米（0.38 天文单位）。

水星的轨道偏离正圆程度很大，近日点距太阳仅四千六百万千米，远日点却有七千万千米，在轨道的近日点它以十分缓慢的速度按岁差围绕太阳向前运行。

水星是八大行星中轨道偏心率最大的，因此，它的轨道椭圆是最“扁”的。

水星的表面很像月球，满布着环形山、大平原、盆地、辐射纹和断崖。

2.金星

金星有时在黎明前出现在东方天空，被称为“启明”；有时则在黄昏后出现在西方天空，被称为“长庚”。它是全天中除太阳和月亮外最亮的星，因此在中国古代又被称为太白或太白金星。

基本参数：

自转方向：自东向西

公转周期：224.701天

平均轨道速度：35.03 千米/每秒

轨道偏心率：0.007

轨道倾角：3.4 度

赤道直径：12,103.6千米

直 径：12105千米

质量（设地球质量=1）：0.8150

密度：5.24 克/立方厘米

公转半径：108,208,930千米（0.72天文单位）

自转周期：243.02天

公转轨道：距太阳108,200,000千米。

金星的自转不同寻常，一方面它很慢（金星日相当于243个地球日，比金星年稍长一些），另一方面它是倒转的。另外，金星自转周期又与它的轨道周期同步，所以当它与地球达到最近点时，金星朝地球的一面总是固定的。这是不是共鸣效果或只是一个巧合就不得而知了。

知识外延

天文单位（英文简写AU）是一个长度的单位，是天文学常数之一，在天文学中测量距离，特别是测量太阳系内天体之间的距离的基本单位，地球到太阳的平均距离为一个天文单位。一天文单位约等于1.496亿千米。1976年，国际天文学联会把一天文单位定义为一颗质量可忽略、公转轨道不受干扰而且公转周期为365.2568983日的粒子与一个质量相等约一个太阳的物体的距离。当前被接受的天文单位是149,597,870,691±30米（约一亿五千万千米）。

3.地球

地球是距太阳第三远的行星，也是第五大行星，是太阳系中直径、质量和密度最大的类地行星。

基本参数：

公转周期：365.2422天

自转方向：自东向西

轨道半径：149,600,000 千米（离太阳1.00 天文单位）

行星直径：12,756.3 千米

轨道偏心率：0.016

轨道倾角：0度

质量：5.9742×10^{24}千克

赤道引力（设地球=1）：1.00

自转周期（日）：0.9973

公转轨道：1.496亿千米（1天文单位）

地球是太阳系中目前唯一有生命的星球。

4.火星

火星为距太阳第四远，也是太阳系中的第七大行星，直径为地球的一半。西方称火星为战神玛尔斯，中国古代则称之为“荧惑”。由于火星上的岩石、砂土和天空是红色或粉红色的，因此这颗行星又被称作“红色的星球”。

基本参数：

公转周期：686.98 日

平均轨道速度：24.13 千米/每秒

轨道偏心率：0.093

轨道倾角：1.8度

行星赤道半径：3398 千米

质量（地球质量=1）：0.1074

自转周期：1.026 日

自转方向：自西向东

公转轨道：离太阳227,940,000 千米（1.52 天文单位）

火星的轨道是显著的椭圆形。因此，在接受太阳照射的地方，近日点和远日点之间的温差将近30℃。

5.木星

木星行星是太阳系中最大的一颗，比所有其他的行星的合质量大2倍，是地球的318倍。木星的亮度仅次于金星，在中国古代用它来定岁纪年，由此把它叫“岁星”，西方称木星为“朱庇特”，即罗马神话中的众神之王。

基本参数：

公转轨道：距太阳778,330,000 千米（5.20 天文单位）

自转方向：自西向东

行星直径：142,984千米（赤道）

质量：1.900×10^{27}千克

偏心率：0.0483

公转周期：4332.589日，约合11.86年。

木星为气态行星没有实体表面，它们的气态物质密度只是由深度的变大而不断加大（我们从它们表面相当于1个大气压处开始算它们的半径和直径）。我们所看到的通常是大气中云层的顶端。由于是气态行星，木星表面有高速飓风，并被限制在狭小的维度范围内。木星表面有一个大红斑，位于木星赤道南部，从东到西最长时有48,000千米，最小时也有20,000多千米，从北到南最长有14,000千米，最短时也有11,000千米。这个大红斑是1665年由天文学家卡西尼发现，距今300多年了，形状一直没有改变。很多人认为这个大红斑是一个永不停息的旋风，但目前仍有争论，这还有待人类的进一步探索。

6.土星

土星是离太阳第六远的行星，也是八大行星中第二大的行星，体积仅次于木星，中国古代称之为“镇星”或“填星”。土星也是气体巨星，它的表面与木星十分相像，也是液态氢和氦的海洋，上方同样覆盖着厚厚的云层。土星上狂风肆虐，沿东西方向的风速可超过每小时1600千米，土星上空的云层就是这些狂风造成的。

基本参数：

公转轨道：距太阳1,429,400,000千米（9.54天文单位）

自转方向：自西向东

行星直径：120,536 千米（赤道）

质量：5.68×10^{26}千克

轨道偏心率：0.056

轨道倾角：2.5度

自转周期：10.28小时

公转周期：10759.5天（相当于29.5年）

在八大行星中，土星的光环最惹人注目，它使土星看上去就像戴着一顶漂亮的大草帽。科学观测表明构成光环的物质是碎冰块、岩石块、尘埃、颗粒等，它们排列成一系列的圆圈，绕着土星旋转。

这个美丽的光环伤透了科学家的脑筋：组成环的物质就像车轮那样，步调整齐地绕着土星转，这样的话，那些离得越远的碎石块和冰块的运动速度应该比近处的快才对。但它们确实步调整齐，这显然违背了目前已经掌握的物质运动定律。那么，这是什么样的规律在起作用呢？目前仍在探索中。

7.天王星

天王星是太阳系中离太阳第七远的行星，从直径来看，是太阳系中第三大行星。天王星的体积比海王星大，质量却比其小。它是第一颗使用望远镜发现的行星，虽然它的光度与五颗传统行星一样，亮度是肉眼可见的，但由于较为黯淡而未被古代的观测者发现。

↑木星是太阳系中最大的一颗行星

基本参数：

公转轨道：距太阳2,870,990,000千米（19.218 天文单位）

自转方向：自东向西

行星直径：51,118 千米（赤道）

轨道离心率：0.044

轨道倾角：0.7度

自转周期：15.5小时

质量：8.683×10^{25}千克

天王星有一个黯淡的行星环系统，由直径约十米的黑暗粒状物组成。它是继土星环之后，在太阳系内发现的第二个环系统。天王星的光环像木星的光环一样暗，但又像土星的光环那样有相当大的直径。目前已知天王星有13个圆环，其中最明亮的是 ε 环（Epsilon），其他的环都非常黯淡。

8.海王星

海王星是环绕太阳运行的第八颗行星，也是太阳系中第四大天体。海王星在直径上小于天王星，但质量比它大。海王星似罗马神话中的尼普顿，因为尼普顿是海神，所以中文译为海王星。

基本参数：

公转轨道：距太阳 4,504,000,000千米（30.06 天文单位）

自转方向：自西向东

行星直径：49,532千米（赤道）

偏心率：0.009

轨道倾角：1.76度

公转周期：约164.8个地球年

质量：1.0247×10^{26}千克

作为气体行星，海王星上到处都是按带状分布的大风暴或旋风，海王星上的风暴是太阳系中最快的，时速达到2000千米。海王星的蓝色是大气中甲烷吸收了日光中的红光造成的。

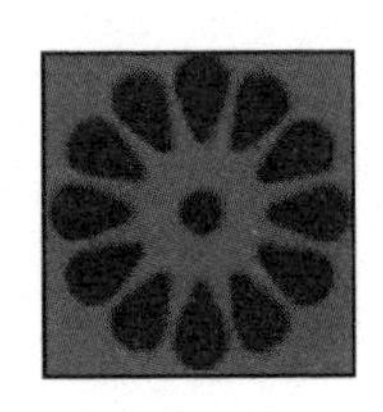

木星的卫星

引言：

木星是全太阳系中的“巨人行星”，它在外形和质量上都要比所有其他行星合并起来还要大3倍。木星的另一“最”则是它为太阳系中拥有天然卫星最多的行星，目前为63颗。

卫星及其分类

卫星

卫星是指在围绕一颗行星轨道并按闭合轨道做周期性运行的天然天体或人造天体。卫星有三个特点：不发光；围绕行星运转；随行星围绕恒星运转。

天然卫星

天然卫星是指环绕行星运转的星球，而行星又环绕着恒星运转。就比如在太阳系中，太阳是恒星，地球及其他行星环绕太阳运转，月亮、土卫一、天卫一等星球则环绕着地球及其他行星运转，这些星球是行星的天然卫星。太阳系中，除水星和金星外，

↓在太阳系中木星的天然卫星最多

其他行星都有天然卫星。太阳系已知的天然卫星总数（包括构成行星环的较大的碎块）至少有160颗，木星的天然卫星最多，其中63颗已得到确认，至少还有6颗尚待证实。土星的天然卫星第二多，目前已知的有61颗。

人造卫星

人造卫星是人类制造的绕着行星（大部分是地球）运转的卫星。随着现代科技的不断发展，人类研制出了各种人造卫星，这些人造卫星和天然卫星一样，也绕着行星运转。

1957年，苏联成功发射了人类第一颗人造卫星——人卫1号。从那时起，到目前已有数千颗人造卫星环绕地球飞行。人造卫星还被发射到环绕金星、火星和月亮的轨道上。

人造卫星的用途很广泛，有的装有照相设备，可对地面进行照相、侦察、调查资源、监测地球气候和污染等；有的装有天文观测设备，用来进行天文观测；有的装有通信转播设备，用来转播广播、电视、数据通讯、电话等通讯讯号；有的装有科学研究设备，可以用来进行科研及空间无重力条件下的特殊生产。

↓人造卫星大部分是围绕地球运转的卫星

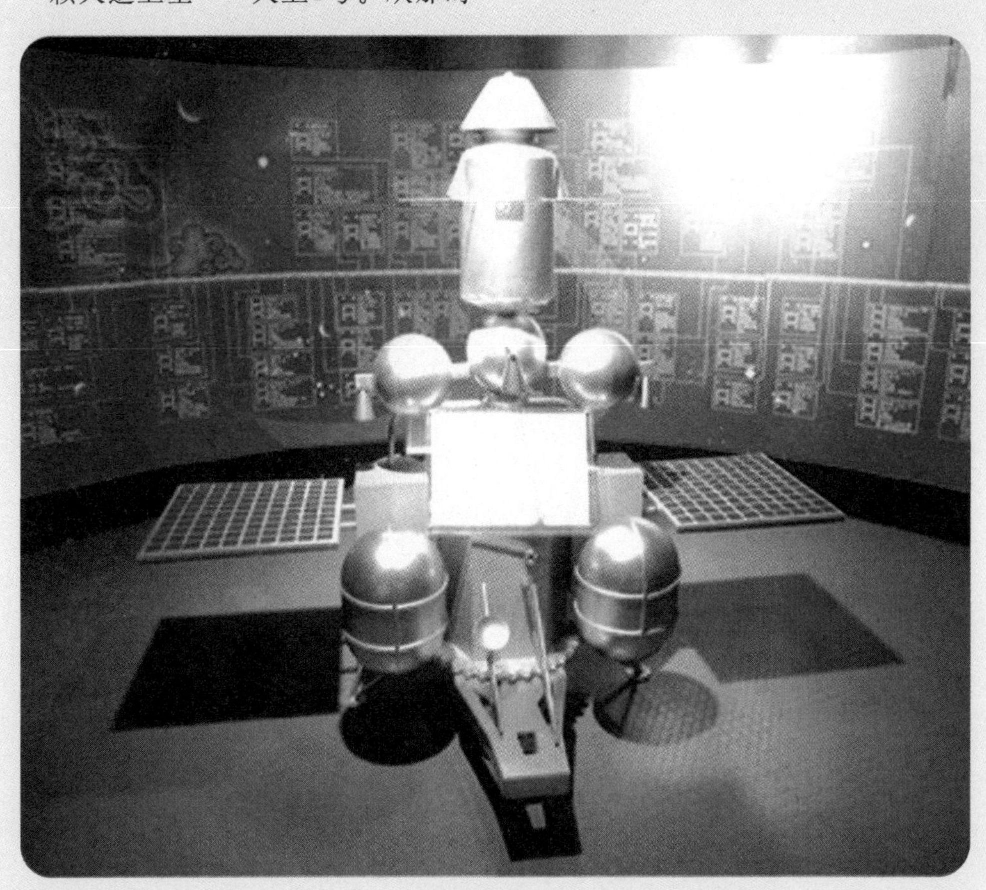

伽利略天文望远镜的发明

伽利略生平

伽利略，意大利物理学家、天文学家和哲学家，近代实验科学的先驱者。他首先提出并证明了同物质同形状的两个重量不同的物体下降速度一样快。他反对教会的陈规旧俗，由此，他晚年受到教会迫害，并被终身监禁。他以系统的实验和观察推翻了亚里士多德诸多观点。他还改进了望远镜，开启了用望远镜进行太空观测的历史；他支持并加以证明了哥白尼的日心说。当时，人们争相传颂："哥伦布发现了新大陆，伽利略发现了新宇宙。"因此，他被称为"近代科学之父""现代观测天文学之父""现代物理学之父""科学之父"及"现代科学之父"。

↓伽利略是第一个用望远镜观察星空的人

伽利略发明天文望远镜

（1）伽利略的发明

第一架实用的折射望远镜大约在1608年出现在荷兰，由三个不同的人，密德堡的眼镜制造者汉斯·李普希和杨森、阿克马的雅各·梅提斯各自独立发明的。伽利略在1609年5月左右在威尼斯偶然听说了这个发明，就依据自己对折射作用的理解，想改进并做出自己的望远镜。

3个月之后，伽利略成功地做出了两架望远镜，所不同的是，伽利略不仅仅用望远镜来观察远处的景物，还将望远镜指向了星空，开启了人类用望远镜进行天文观测的历史。这一举动在人类科学史上引发了一场革命,深刻影响了科学的发展乃至整个人类社会的进步，改变了人类的宇宙观。为纪念伽利略首次使用望远镜进行天文观测400周年，联合国将2009年定为国际天文年。

（2）望远镜的原理

望远镜的物镜是会聚透镜而目镜是发散透镜。光线经过物镜折射所成的实像在目镜的后方（靠近人目的后方）焦点上，这像对目镜是一个虚像，因此经它折射后成一放大的正立虚像。伽利

↓伽利略用望远镜清晰地看到了月亮上的高山和山谷

略望远镜的放大率等于物镜焦距与目镜焦距的比值。其优点是镜筒短而能成正像，但它的视野比较小。

发现木星卫星

木星卫星是怎样发现的

伽利略以其聪明才智，在仿制望远镜之后又对其进行了改进。1609年底，他制造出一台40倍的双透镜望远镜，这是科学研究中第一台用于天文观测的望远镜。

约翰尼斯·开普勒在一篇论文中描述行星运行轨道，这时伽利略相信波兰天文学家尼古拉·哥白尼的“日心说”。在当时相信“日心说”会遭到教会的猛烈抨击，乔纳诺·布鲁诺因为宣传日心说和宇宙观、宗教哲学反对地心说而被宗教裁判为“异端”烧死在罗马鲜花广场。伽利略决心使用新望远镜，以更准确地绘制行星运行图，证明哥白尼的“日心说”是正确的。

伽利略用望远镜先观测了月亮。他清晰地看到月亮上高山和山谷凹凸起伏，参差不齐的月亮边缘看起来就像锯齿刀切割的一样。他把月亮四周边缘高耸突出的圆状命名为“环形山”（环形山是月面上最显著的地貌特征），而管较平坦的暗黑区域称之为“海”。原来月亮并不像亚里士多德和托勒密所说的那样平滑。但是，实力强大的天主教会、欧洲的大学教师和科学家们都对亚里士多德和托勒密的理论深信不疑。

伽利略曾经证明自由落体运动定律，因为这与亚里士多德的理论相悖，他被从教师职位上解雇。但伽利略并没有因此而屈服，他继续着自己的天文发现。伽利略观测的下一个目标是最大的行星——木星，他计划花几个月的时间仔细绘制木星运行图。通过望远镜，伽利略观察到人类从未观测到的太空，清晰地观察到木星。他看到了木星那淡黄

↓伽利略使用简单的望远镜，依靠单独的研究，让人们很好地认识了太阳系、星空和浩瀚的宇宙

色的小小圆面，这说明行星确实比恒星近得多。同时他马上又发现木星旁边始终有4个更小的光点，它们几乎排成一条直线围绕着木星旋转。连续几个月的跟踪使他确信，像月亮绕地球那样，它们都在绕木星转动，应当是木星的卫星。这说明，不是所有天体都在绕地球旋转！伽利略发现的这四颗卫星，是地球之外首次发现的卫星。他的发现再次证明亚里士多德的理论是错误的。为了纪念伽利略这个发现，后人还把这4个比较大的木星卫星称为“伽利略卫星”。

相关链接

木星的卫星蚀就是木星的卫星绕木星公转时，当木星处于卫星和太阳中间之际，卫星进入木星阴影的现象，就好像月亮会发生月食一样。木星的卫星绕木星公转一周要消失在木星的影内一次，两次消失所经历的时间即为卫星公转的周期。

伽利略的发现完全颠覆了天主教会所维护的地心说。1616年，天主教会禁止伽利略教书，严禁他宣扬哥白尼的理论。很多教会的高级头目拒绝使用望远镜观察太空，声称这是魔术师的把戏，卫星只存在于望远镜中。

伽利略对教会的警告不屑一顾，最后被宗教审判所召回罗马，饱受折磨。他被迫收回自己的观点和发现，还被判处终身监禁。1640年，伽利略去世，去世前他除了说自己的发现是正确的外，没有说任何别的话。1992年10月——伽利略被误判376年后，罗马教会才为他平反昭雪，承认他的科学发现。

使用简单的望远镜，依靠单独研究，伽利略让人们很好地认识了太阳系、星系和浩瀚的宇宙，加深了人们对宇宙的理解。

解构伽利略卫星

伽利略卫星是木星的四个大型卫星，由伽利略于1610年1月7日首度发现。依其编号次序被命名为“艾奥”（Io）、“欧罗巴”（Europa）、“加尼美得”（Ganymede）和“卡里斯托”（Callisto）。这四颗卫星可以用低功率望远镜来观测，如果观测条件极好的话，甚至可用肉眼看到木卫四。

这四颗卫星的运行轨道呈圆形，其轨道平面几乎都和木星的赤道面重合，自转周期和绕木星转动的周期相同，是太阳系内四颗较大的卫星。

木卫一

木卫一是木星的四颗伽利略卫星中最靠近木星的一颗卫星，它的直径3,642 千米，是太阳系第四大的卫星。它的名字来自众神之王宙斯的恋人之一：艾奥，是希腊的女祭司。

总体情况

木卫一由二氧化硫与其他气体组成。与外层太阳系的卫星不同，木卫一与类地行星相似，主要由炽热的硅酸盐岩石构成。其表面也与太阳系中其他星体截然不同，这使得科学家在第一次接触旅行者号发回的数据时非常惊奇。他们原以为在类地星体上应布满了受撞击后留下的大大小小的环形山，然后以单位面积内留下的“弹坑”来估计外壳的年龄。但实际上木卫一的表面环形山极少，简直屈指可

↓火山喷发不仅是地球的现象，木卫一上也有火山喷发的现象

数。这样看来，其表面非常年轻。旅行者号还发现了木卫一中的数百个火山口。其中一些仍十分活跃！羽毛状的喷出物高达300千米，这些物质究竟是什么呢？据科学家分析，是以硫或二氧化硫的形式喷出的。这是类地星体内部炽热与活动的第一份实际证明。

地形

木卫一有着令人惊异的多种地形：向下有数千米深的火山口，有炽热的硫湖，有很明显不过的非火山的连绵山脉，流淌着数百千米长的黏稠的液体，还有一些火山喷口。硫和其化合物的多种颜色使得木卫一表面的颜色呈现多样化。

木卫一表面的最热点温度可达700K，虽然它的平均温度只有大约130K。这些热点是木卫一损失其热量的主要原因。木卫一几乎没有水，这可能由于在太阳系进化过程的初期，木星太热，把木卫一较易挥发的物质都蒸发掉了。木卫一是除了地球以外太阳系中唯一一个存在活火山的天体。木卫一上的火山喷发剧烈，喷发速度能高达每秒1千米以上！再加上木卫一的引力又比较小，因此它的火山喷发物可喷到280千米的高空，有些喷发物甚至会进入太空。剧烈的火山活动使木卫一表面覆盖着一层厚厚的硫黄，所以木卫一看起来呈现橘黄色。

木卫二

木卫二是木星的第四大卫星，在伽利略发现的卫星中离木星第二近。木卫二比地球的卫星——月球稍微小一点。根据最新的哈勃望远镜观察，揭示出木卫二有一个含氧的稀薄大气。太阳系中的卫星里目前知道的只有4颗卫星（木卫一、木卫三、土卫六和海卫一）拥有大气层。据科学家推测，木卫二的大气层可能是由于太阳光中的电荷粒子撞击木卫二的冰质表面而产生水蒸气，然后分成氢气和氧气。氢气脱离，留下了氧气。

↓水是生命之源，木卫二是太阳系中除地球之外唯一有大量液态水存在的地方

组成

木卫二与木卫一的组成与类地行星相似：主要由硅酸盐岩石组成。但是与木卫一不同，木卫二有一个薄薄的冰外壳。最近从伽利略号发回的数

据表明木卫二有内部分层结构，并可能有一个小型金属内核。但是木卫二的表面不像一个内层太阳系的东西，它极度的光滑：只能看到极少的数百米高的地形。凸出的记号看来只是反照率特性或是一些不大的起伏。

木卫二上的环形山很少，只发现三座直径大于5千米的环形山。这表明它有一个年轻又活跃的表面。然而，宇宙探测器“旅行者号”做了一小部分的表面高清晰度地图。木卫二的表面精确年龄是一个悬而未决的问题。

地形

木卫二是太阳系中最明亮的一颗卫星，几百年来它以它的独特性使一批又一批的科学家着迷。科学家收到了宇宙探测器“旅行者2号”发回的照片，通过研究，科学家们发现木卫二地势非常平坦，最高的丘陵才50米，且它的表面覆盖着一层晶莹剔透的冰壳。这层冰壳上布满了陨石撞击坑和纵横交错的条纹。人们推测正是由于这层冰壳，木卫二才如此明亮。科学家们还推测木卫二有一个带冰壳的固体核心，天文学家史蒂文森等人计算了木卫二的热耗散，证实在核心和冰壳之间确实存在一个液态水层。他们通过几种不同模式的实验，得出了木卫二在25千米深的冰层下，存在着一个地下海洋。木卫二是除地球之外，太阳系中唯一一个有大量液态水存在的地方。

2009年11月，美国亚利桑那大学科学家理查德·格林博格等人经研究发现，木卫二可能存在类似于鱼类的生命。最新研究表明，木卫二的海洋正在吸收大量的氧气，它所吸收的氧气量比此前的模拟预测结果还要多得多。科学家认为，这些氧气足够支持多种生命形态的存在，从理论上讲，目前木卫二海洋中至少应该存在300万吨类鱼生物。格林博格解释说：“尽管目前还不能说那里肯定存在生命，但我们至少知道那里的物理环境支持生命的存在。”

知识外延

普通球粒陨石（有时被称为O球粒陨石）是一种常见的球粒陨石。它也是迄今找到陨石中为数最多的，占87%，故冠以“普通”二字。普通球粒陨石被分成三种矿物成分不同的：H球粒陨石、L球粒陨石、LL球粒陨石。

H球粒陨石是最常见的一种陨石。大约40%被记载的陨石归属此类，此类陨石含铁量较高，其名字中的“H”即代表高铁含量（英语：High iron abundance）。这些铁大半呈自由状态，因此尽管H球粒陨石具有石质的外貌，同时它还具有高磁性。

L球粒陨石是第二常见的陨石，LL型球粒陨石在普通球粒陨石中占的比例最小，大约是已发现坠落球粒陨石的10%～11%。

↓行星、卫星、小行星或其他天体表面通过陨石撞击而形成的环形的凹坑被称为陨石坑

木卫三

木卫三是太阳系中最大的卫星，其直径大于水星，质量约为水星的一半，比月亮大约50%，可是由于这几颗卫星，离太阳的距离比日月距离远了 5 倍，4 颗联合起来照在木星上的光还没有地球上月光的三分之一。它是伽利略发现的卫星中距离木星第三近的，因此被称为木卫三。

组成

木卫三是太阳系中已知的唯一一颗拥有磁圈的卫星，其磁圈可能是由富铁的流动内核的对流运动所产生的。木卫三主要由硅酸盐岩石和冰体构成，星体分层明显，拥有一个富铁的、流动性的内核。人们推测在木卫三表面之下200千米处存在一个被夹在两层冰体之间的咸水海洋。

除了水外，对伽利略号和地基观测站拍摄的高分辨率近红外光谱和紫外线光谱结果的分析也显示了其他物质的存在，包括二氧化碳、二氧化硫，也可能还包括氰、硫酸氢盐和多种有机化合物。此外伽利略号还在木卫三表面发现了硫酸镁、硫酸钠等物质。这些盐类物质可能来自于地表之下的海洋。

地形

木卫三的表面被分成两个不同的区域：一种是非常古老的、密布撞击坑的暗区，另一种是较之前者稍微年轻（但是地质年龄依旧十分古老）、遍布大量槽沟和山脊的明区。暗区的面积约占球体总面积的三分之一，其间含有黏土和有机物质，这可能是由撞击木卫三的陨石带来的。现今科学界普遍认为槽沟地形从本质上说主要是由构造活动形成的；为了引起这种构造活动，木卫三的岩石圈必须被施加足够强大的压力，而造成这种压力

↓木卫四的表面都是环形山，与月球和火星上的高原十分相似图为月球表面地形

的力量可能与过去曾经发生的潮汐热作用有关——这种作用可能在木卫三处于不稳定的轨道共振状态时发生。

在两种区域中都有撞击坑的存在，暗区的分布则更为密集，表明这一区域遭遇过大规模的陨石轰击，因而撞击坑的分布呈饱和状态。撞击坑的密度表明暗区的地质年龄达到了40亿年，接近于月球上的高地地形的地质年龄；而槽沟地形则稍微年轻一些（但是无法确定其确切年龄）。

木卫三地形的最显著特征是包括一个被称为伽利略区的较暗平原，这个区域内的槽沟呈同心环分布，可能是在一个地质活动时期内形成的。另外一个显著特征则是木卫三的两个极冠，其构成成分可能是霜体。对于霜体的形成科学家有两种看法，一种认为是高纬度的冰体扩散所致，另一种认为是外空间的等离子态冰体轰击所产生的。目前，科学界普遍倾向于后一种理论。

木卫四

木卫四是距木星第八近的已知卫星，是伽利略发现的四颗卫星中距离木星最远的，其轨道距离木星约188万千米。和大部分的卫星一样，木卫四是一颗同步自转卫星，即木卫四的自转周期等同于其公转周期，约为16.7个地球日。

木卫四不参与轨道共振，这意味着它永远都不会产生明显的潮汐热效应，而潮汐热效应是星体内部结构分化和发育的重要动力。由于距离木星较远，所以其表面来自木星磁场的带电粒子流较弱，因此木卫四表面的带电粒子光渗效应较弱，看起来就比较暗淡。

组成

木卫四的平均密度为1克/立方米，表明它是由近乎等量的岩石和冰体水构成的，此外可能还存在某些不稳定的冰体，如氨的冰体。冰体的比重介于49%～55%之间。木卫四岩石的确切构成还不为人知，但是很可能接近于Ⅰ型或Ⅱ型普通球粒陨石，这两类陨石较之Ⅲ球粒陨石，所含的全铁和金属铁较少，而铁氧化物较多。

对伽利略号和地基观测站拍摄的高分辨率近红外光谱和紫外线光谱照片进行分析后，科学家们发现了木卫四上存在多种非水溶性物质，如含镁和含铁的水合硅酸盐、二氧化碳、二氧化硫，可能还包括氨和多种有机化合物。

木卫四遭受过陨石的猛烈轰击的表面之下是一层厚度在80~150千米之间的寒冷、坚硬的冰质岩石圈。对包围着木星及其卫星的磁场进行的研究表明在木卫四地壳之下50~200千米深处存在着一个咸水海洋，至于海洋的具体深度还有待进一步的科学研究。

地形

木卫四多环形山，表面十分古老，就像月球和火星上的高原。木卫四拥有太阳系中所观察到的星体中最古老的表面环形山最多的地表；在漫长的40亿年中，除偶然的撞击之外只有很小的变动。

木卫四表面的地质年龄十分古老，它同时也是太阳系中遭受过最猛烈轰击的天体之一，其撞击坑密度已经接近于饱和：任何新的撞击坑均可能覆盖于旧的撞击坑之上。木卫四上的大型地质构造相对简单：撞击坑平原、较明亮的平原、明亮而平缓的平原以及由多环机构和撞击坑组成的多类地形单元。

撞击坑平原的构成物质是冰体和岩石的混合物，为古老岩石圈的典型代表。较明亮的平原中存在着明亮的撞击坑、被称为变余结构的古老撞击坑的残迹和多环结构的中央部分，科学家们猜测这种地形是由冰质撞击坑沉积而成。明亮而平缓的平原覆盖的区域较小，常出现于沃尔哈拉撞击坑和阿斯嘉德撞击坑的山脊和槽沟地带中，撞击坑平原中的孤立斑点地带也属于这种地形。

木卫四上最大的撞击地形是多环盆地。其中有两个规模巨大，而沃尔哈拉撞击坑则是其中最大的，它明亮的中央地带直径达到了600千米，其环状结构向外延展了1800千米之远。位列第二的多环结构是阿斯嘉德撞击坑，直径大约为1600千米。为什么有这么多的多环结构呢？科学家推测认为，多环结构的产生，可能是撞击事件发生之后处在柔软或流动物质——如海洋之上的岩石圈产生的同心环状的断裂。撞击坑链则是一长串链状、呈直线分布于星体表面的撞击坑，它们可能是木卫四被过于接近木星而受到引力潮汐作用解体的天体撞击之后形成的，也可能是遭受小角度撞击后产生的。

木星的其他卫星

在伽利略的发现之后，人类又不

断发现了木星的其他卫星。

1892年以前，人们只知道伽利略发现的4颗卫星，后来巴纳德在里克天文台发现了第五颗，比前 4 颗更接近木星，也更暗淡。它在不到12小时的时间内，就绕木星一周，这是除了火星内层卫星外已知的最短公转周期，但这还是比木星的自转周期长一点。

木星的第六颗、第七颗卫星是1904年、1905年佩林在里克天文台发现的。两者离木星的平均距离差不多都是1100千米以上，公转周期约在 8 个月到 9 个月之间。紧接着又发现了另外更远的一对，总数一共是 9 颗。

1908年，梅洛特在格林尼治天文台发现了木卫八。1914年，尼克尔森在里克天文台发现了木卫九。木卫八和木卫九的公转周期都超过了两年，且它们都是从东往西旋转。

随着现代天文观测技术的发展，木星的卫星被越来越多地发现。1999年10月和2003年2月期间，研究者们使用敏感的地面感应器发现了32颗。它们大多有着高离心率、逆行的轨道，直径平均为3千米（2英里），其最大者也只有9千米（6英里）。截止2008年，人类发现木星的卫星数达到了63颗，位居太阳系各行星之首。或许63颗也不是木星卫星的最终数目，或许在不久的将来，人类还会有新的发现。

↓各国天文台为天文发现提供了很好的场所，木卫八就是梅洛特在格林威治天文台发现的

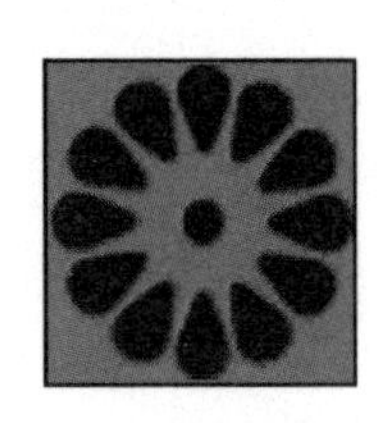

哈雷彗星

引言：

哈雷彗星是人类首颗有记录的周期彗星，因哈雷首先测定轨道并成功预言回归而得名。正如哈雷在遭到人们质疑时所希望的那样：“如果彗星最终根据我们的预言，大约在1758年再现的时候，公正的后代将不会忘记这首先是由一个英国人发现的……”人们因为这颗彗星而永远记住了哈雷。

看清彗星真面目

彗星简介

彗星英文是Comet，是由希腊文演变而来的，意思是“尾巴”或“毛发”，也有“长发星”的含义。而中文的“彗”字，则是“扫帚”的意思。

彗星属于太阳系小天体。彗星不会发光，它的光谱是反射阳光的光谱，因此能被人们看到，每当彗星接近太阳时，它的亮度迅速地增强。对离太阳相当远的彗星的观察表明它们沿着被高度拉长的椭圆运动，而且太阳是在这椭圆的一个焦点上，与开普勒第一定律一致。彗星大部分的时间运行在离太阳很远的地方，在那里它们是看不见的。只有当它们接近太阳时才能见到。彗星是由冰冻物质和尘埃组成，当靠近太阳时，太阳的热使彗星物质蒸发，在冰核周围形成朦胧的彗发和一条稀薄物质流构成的彗尾，看起来就像扫帚一样，因此在我国古代，彗星又被称为扫帚星。彗星的体形庞大，但其质量却小得可怜，就连大彗星的质量也不到地球的万分之一。

彗星的结构

一般彗星是由彗头和彗尾两大部分组成。

彗头又包括彗核和彗发两部分。通过人类向太空发射的探空火箭、人造卫星和宇宙飞船对彗星近距离的探测，人们发现有的彗星在彗发的外面被一层由氢原子组成的巨云所包围，人们称为“彗云”或“氢云”。这样我们就可以说彗头实际是由彗核、彗发和彗云组成的。

彗核是彗星最中心、最本质、最主要的部分。一般认为是固体，由石块、铁、尘埃及氨、甲烷、冰块组成。彗核直径很小，有几千米至十几千米，最小的只有几百米。

彗发是彗核周围由气体和尘埃组成星球状的雾状带物，其半径可达几十万千米。通过光谱和射电观测发现，彗发中气体的主要成分是中性分子和原子，其中有氢、羟基、氧、硫、碳、一氧化碳、氨基、氰、纳等，还发现有比较复杂的氰化氢和甲基氰等化合物。这些气体以平均1~3千米/秒的速度从中心向外流出。

彗云是在彗发外由氢原子组成的云，人们又称为氢云。彗云只为部分彗星所有。

彗尾是在彗星接近太阳大约3亿千米（2个天文单位）时开始出现，逐渐由小变大变长。当彗星过近日点（彗星走到距太阳最近的一点）后远离太阳时，彗尾又逐渐变小，直至消失。由于太阳风的压力，彗尾总是指向背离太阳的方向。当彗星接近太阳时，彗尾是拖在后边，当彗星离开太阳远走时，彗尾又成为前导。

彗尾的体积很大，但物质却很稀薄，所以，亮度比彗头暗很多。彗尾的长度一般在1000万至1.5亿千

↓彗星因拖着一个长长的尾巴而得名

↓彗星出现时，往往成为夜空中的一抹“亮色”

↑并不是所有彗星都像哈雷彗星一样有回归周期，有的彗星终生只能接近太阳一次

米之间，彗尾宽度在6000至8000千米之间，最宽达2400万千米，最窄只有2000千米。

彗星的轨道

彗星的轨道有椭圆、抛物线、双曲线三种。

椭圆轨道的彗星又叫周期彗星，另两种轨道的彗星又叫非周期彗星。周期彗星又分为短周期彗星和长周期彗星。周期彗星能定期回到太阳的身边，非周期彗星终生只能接近太阳一次，一旦离去就不会复返，可能它们根本就不是太阳系成员，而只是太阳系之外的匆匆过客。但是非周期彗星也有加入太阳系的可能。目前人类已经计算出600多颗彗星的轨道，并发现部分彗星的轨道可能会受到行星的影响，产生变化。当受行星影响而减速时，彗星轨道的偏心率将变小，这可能会使其周期变短，甚至从非周期彗星变成周期彗星而被太阳捕获。

彗星是一种很特殊的星体，它可能与生命的起源有着重要的联系。彗星中含有很多气体和挥发性成分，有部分科学家认为形成地球的原始物质很可能是在彗星撞击地球时带到地球上来的，如果是这样的话，彗星就是

知识外延

太阳风是一种连续存在、来自太阳并以每秒200～800千米速度运动的等离子体流。这种物质虽然与地球上的空气不同，不是由气体的分子组成，而是由更简单的比原子还小一个层次的基本粒子——质子和电子等组成，但它们流动时所产生的效应与空气流动十分相似，所以称为太阳风。

太阳风的密度与地球上的磁场的密度相比，是非常稀薄而微不足道的。一般情况下，在地球附近的行星际空间中，每立方厘米有几个到几十个粒子。但太阳风刮起来十分猛烈，地球上12级台风的风速是每秒32.5米以上，而太阳风的风速，在地球附近经常保持在每秒350～450千米，是地球风速的上万倍，最猛烈时可达每秒800千米以上。

地球上的生命之源。关于它的奥秘还有待人类的继续发现。

哈雷的重大发现

哈雷简介

爱德蒙·哈雷，英国天文学家和数学家，曾任牛津大学几何学教授及第二任格林威治天文台台长。1676年，20岁的哈雷毅然放弃了即将到手的学位证书，只身搭乘东印度公司的航船，在海上颠簸了三个月，到达南大西洋的圣赫勒拿岛，建立起人类第一个南天观测站，进行了一年多的天文观测，测编了世界上第一份精度很高的南天星表，弥补了天文学界原来只有北天星表的不足，被人们誉为“南天第谷”。他还发

↓在地球上合适的位置，人类能观测到进入太阳系的彗星

↑哈雷肖像

现了月球运动的长期加速现象，证明恒星不是恒定不动的。哈雷还观测到了一颗在当时最亮的大彗星，并首先测定了它的轨道，成功预言了它的回归，这就是人类首颗有记录的周期彗星——哈雷彗星。

值得一提的是，哈雷与牛顿是忘年之交，他是牛顿认为最值得信任并可推心置腹的朋友。他推动牛顿写出了经典力学的奠基之作——《自然哲学的数学原理》，并慷慨解囊支付这部巨著的出版费用。

发现哈雷彗星

关于彗星，在古代西方哲学家们一致认定彗星的本质是如亚里士多德所论述的，是地球大气中的一种扰动。这种说法在1577年被第谷推翻，他以视差的测量显示彗星必须在比月球之外更远的地方。第谷提出彗星是天体，但对于它是什么样的天体并不清楚。当时的天文学家普遍认为彗星是在恒星之间的漂泊不定的“怪物”，无法预测它的行踪。

1680年，在天文学方面已经取得一定成绩的哈雷在法国旅游时看到了有史以来最亮的一颗大彗星。两年后，也就是1682年，又看到了另一颗大彗星，这颗彗星有着一条弯弯的、清晰可见的尾巴。它的出现引起了哈雷的极大兴趣。哈雷仔细观测、记录

↓因哈雷彗星的发现，哈雷被人们铭记，图为带有哈雷头像的邮票

了彗星的位置和它在星空中的逐日变化。经过一段时期的观察，他惊讶地发现，这颗彗星好像不是初次光临地球，好像是故地重游与地球的定期“会晤”。哈雷的彗星情节由此一发不可收拾，他开始了对彗星专心致志的研究。

1695年开始，哈雷翻阅了很多有关彗星记载的资料，从1377年到1698年的彗星记录中挑选了24颗彗星，用一年时间计算了它们的轨道。发现1531年、1607年和1682年出现的这三颗彗星轨道相同，虽然经过近日点的时刻有一年之差，但可能解释为是由于木星或土星的引力摄动所造成的。

相关链接

关于彗星的起源目前存在诸多说法，还没有一个统一的定论。

有人认为，在太阳系外围有一个特大彗星区，那里约有1000亿颗彗星，叫奥尔特云，由于受到其他恒星引力的影响，一部分彗星进入太阳系内部，又由于木星的影响，一部分彗星逃出太阳系，另一些被“捕获”成为短周期彗星；也有人认为彗星是在太阳系的边缘地区形成的；有人认为彗星是在木星或其他行星附近形成的；还有人认为彗星是太阳系外的访客。因为周期彗星一直在瓦解着，肯定会出现新彗星替代老彗星。至于哪种说法更科学，至今仍无定论。

↓星光灿烂的夜空是科学家进行天文观测的对象

哈雷怀疑这颗彗星可能不是第一次光临地球上空。在当时，还没有人意识到彗星会定期回到太阳附近。科学发现是严谨的，哈雷并没有急于下结论，带着这个疑问他继续着自己的探索发现。他发现1456年、1378年、1301年、1245年，一直到1066年，历史上都有大彗星的记录，在进行了大量的观测和计算之后，他确定了自己的想法，大胆地预言1682年出现的那颗彗星的回归周期大约是76年，它将于1758年底或1759年初再次回归。对于哈雷的预言有人认为他是在说胡话，有人将信将疑，也有人完全赞同。当时哈雷已近50岁了，他知道自己无法亲眼看到这颗彗星的回归了，但他希望自己是正确的，并渴望得到人们的赞同。于是在之后的几十年间，人们对这颗彗星能否回归一直都非常关注，很多天文学家在时刻注意着深夜中的苍穹，希望自己能见证这一伟大的天文发现。

↓拥有亮丽长发的彗星是那样惹人注目

如约而至的哈雷彗星

1742年哈雷去世了，在地下长眠十多年后，在彗星回归前夕，法国数学家克雷荷做了精确的预报：由于木星和土星的影响，彗星将在1759年4月13日前后一个月过近日点。

1758年初，法国天文台的梅西叶就动手观测了，指望自己能成为第一个证实彗星回归的人。1759年1月21

日，他终于找到了这颗彗星。但在之前1758年的圣诞夜，德国德雷斯登附近的一位农民天文爱好者第一个发现了回归的彗星。

1759年3月14日，哈雷彗星过近日点，这与克雷荷的预告相差了一个多月的时间。哈雷的预言是正确的，人们在欣赏夜空中美丽的彗星之时也没有忘记他，于是这颗彗星被命名为“哈雷彗星”。

哈雷彗星的发现极大地促进了彗星天文学的发展。它周期性地运行在太阳系和各大行星之间，能带给人类十分丰富的信息，因此它的每次回归都引起天文学家的极大兴趣。经过多年的观测，现在人们对哈雷彗星已经有了十分详细的了解。

哈雷彗星的成分

哈雷彗星主要由水、氨、氮、甲烷、一氧化碳、二氧化碳等成分和不完备分子的自由基组成。彗核的成分以水冰为主，占70%，其他成分是一氧化碳（10%～15%）、二氧化碳、碳氧化合物、氢氰酸等。整个彗核的密度是水冰的10%～40%，所以，它只是个很松散的大雪堆而已。在彗核深层是原始物质和较易挥发的冰块，周围是含有硅酸盐和碳氢化合物的水冰包层，最外层则是呈蜂窝状的难熔的碳质层。

对哈雷彗星的紫外线和射电观测已提供了首次直接证据，证明其彗核主要是由普通水冰构成。天文学家已探测到氢氧根，它是彗星受到太阳紫外辐射时水的分解产物。用拉帕耳马的牛顿望远镜进行的光谱观测表明：在彗发中有CN、C-2和C-3基，它们与尘埃、砂砾等冻结为坚硬的团块，跟随着彗核不停地运动着。

哈雷彗星的周期

哈雷彗星的平均公转周期为75年或76年， 但它的精确回归日期并不固定，这是因为主行星的引力作用使它周期变更，陷入一个又一个循环。非重力效果（靠近太阳时大量蒸发）也

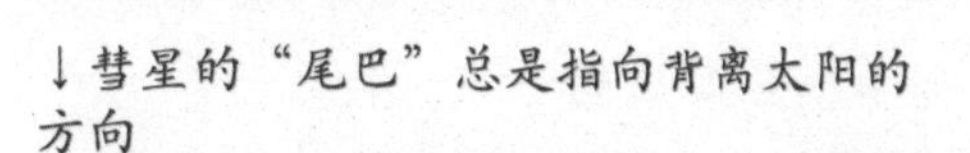
↓彗星的“尾巴”总是指向背离太阳的方向

扮演了使它周期变化的重要角色。在公元前239年到公元1986年，公转周期在76.0（1986年）年到79.3年（451年和1066年）之间变化。下次过近日点为2061年7月28日。

公转轨道

哈雷彗星的公转轨道是逆向的，与黄道面呈18度倾斜。另外，像其他彗星一样，偏心率较大。

彗核

哈雷彗星的彗核非常暗。它的反射率仅为0.03，使它比煤还暗，成为太阳系中最暗物体之一。它最长处 16千米，最宽处和最厚处各约8.2千米和7.5千米，其质量约为3000亿吨。由于它的表面比煤还黑，因此它能大量吸收太阳的辐射而使温度为30℃～100℃。

↓彗星每来到太阳的身边一次就要被剥掉一层皮，哈雷彗星也是如此，或许在若干年后，哈雷彗星就会销声匿迹了

彗核表面至少有5～7个地方在不断向外抛射尘埃和气体。

哈雷彗星的未来宿命

地球上的生命体都有生有死，宇宙中运转不停的星体就是宇宙的生命，哈雷彗星是不是会一直按照固定的周期走向太阳、光临地球呢？它的生命是无限的？还是它也会走向死亡末路，消失于茫茫宇宙中？答案是：它有生命周期，它会走向消亡。

哈雷彗星并不是闲庭信步、毫发无损地横跨太阳系的，每来到太阳身边一次，它就要被剥掉一层皮。哈雷彗星在茫茫宇宙的旅行中，不断向外抛射着尘埃和气体，从上次回归以来，哈雷彗星总共已损失1.5亿吨物质，彗核直径缩小了4～5米，这种损耗是有去无回的，照此下去，它还能绕太阳2～3千圈，寿命也许到不了100万年了。

星座最早起源于四大文明古国之一的古巴比伦，古代巴比伦人将天空分为许多区域，称为“星座”。不过那时星座的用处不多，被发现和命名的更少。不同的文明和历史时期对星座的划分可能不同。现代星座大多由古希腊传统星座演化而来，这里我们只介绍处在黄道带上的12星座。

现在天文学中把太阳在地球上的周年视运动轨迹，即太阳在天空中穿行的视路径的大圆，称为“黄道”，也就是地球公转轨道面在地球上的投影。太阳在地球上沿着黄道一年转一圈，为了确定位置的方便，人们把黄道划分成了十二等份（每份相当于30°），每份用邻近的一个星座命名，这些星座就称为黄道星座或黄道十二宫。这样，相当于把一年划分成了十二段，在每段时间里太阳进入一个星座。

最早有关于黄道的历史记录出现在巴比伦文化当中，他们利用太阳在黄道上的运行位置辨识日期，黄道上十二星座最早的功用就如同今天月历上的十二个月。白羊座起始于春分点被视为是一年的开始，而当太阳运行到天秤座的那天是昼夜平分的时候，也即秋分日。十二星座包括白羊座、金牛座、双子座、巨蟹座、狮子座、处女座、天秤座、天蝎座、射手座、摩羯座、水瓶座、双鱼座。

1.山羊座

山羊座（12月22日～1月19日）又称摩羯座，它是黄道十二星座之一，山羊座的象征是一头公羊，也可以诠释成公羊的角和鼻子。山羊座始于春季的第一天（北半球），象征一个新的开始，新生的绿芽，表现出大地新生和欣欣向荣的景象。

神话传说：

摩羯座的图像是一种羊头鱼身的怪物。事实上，这个怪物就是神话故事中的牧神潘恩，据说他是汉密斯的儿子，一生下来就有山羊的角和蹄，

↑十二星座象征图像

由于样貌十分丑陋，牧神潘恩十分自卑，不能随着众神歌唱，不能向翩翩的仙子求爱。日日夜夜，他只能藉着吹箫来疏解心中的悲苦。

某日，众神们在尼罗河边宴会，天神宙斯知道潘恩吹得一口好箫，便召他来为众神们演奏助兴。众神和妖精们正随着歌声如痴如醉的时候，忽然闯来一只多头的百眼兽。仙子们吓得花容失色，纷纷抛下手中的竖琴，化成一只只的蝴蝶翩翩而去。而众神们也顾不得手中斟满的美酒，有的变成了一只鸟振翅而去，有的跃入河中变成了一尾鱼顺流而去，有的干脆化成一道轻烟，消失得无影无踪了。而牧神潘恩则把自己变成鱼跳入尼罗河想要逃走，然而只有尾巴和身体成功变成鱼，这头半羊半鱼的怪物自然是不会游泳的，最后这头怪物也被宙斯移到天上成为星座。

2.水瓶座

水瓶座（1月20日～2月18日）亦名宝瓶座，它是一个大且暗的星座。水瓶座的符号象征水和空气的波。

神话传说：

相传在特洛伊城里，住着一位俊美的王子，他的样貌在神界都属少有。有一天，神界将举办宴会，可是替宙斯倒酒的一个女孩子受伤了，所以没有人能够代替她做这项工作。宙斯非常苦恼，不晓得该怎么办。虽然众神介绍了不少漂亮的女孩，但宙斯都不满意。一天，阿波罗神来到特洛伊城，看到俊美的王子正在和宫女游玩，他惊叹于王子的俊美就禀告了宙斯。宙斯看到王子后也惊叹于他的俊美，就变成一只老鹰，在王子单独行动的时候将他抓到了神界。

宙斯让王子代替受伤的女孩为自己倒酒，王子虽不情愿但也没有别的办法。由于想念家人，王子一天天消瘦下去。宙斯也觉得有些惭愧，于是他给特洛伊国王托梦，告诉国王王子在神界中的情形。为了安慰国王，宙斯还送给国王几匹神马为慰劳。他也让王子回特洛伊城看国王，然后再回神界来替自己做倒酒的工作，特洛伊王子从此在天上变成水瓶，负责给宙斯倒酒。

3.双鱼座

双鱼座（2月19日—3月20日）是在秋天到冬天之间，出现于头顶偏东的星座。双鱼座的星座符号是两道新月形的弧，中间靠一道直线将它们串联起来，看起来就像是两条绑在一起的鱼，一条往上游去，另一条则向下游，完全背道而驰却因中间的一线相连，无论怎么拼命，结果还是无法分离。

神话传说：

美神维纳斯带着心爱的儿子——小爱神丘比特，盛装打扮准备去参加一场豪华的宴会。在这个宴会中，所有的与会人士都是天神。当整个宴会逐渐进入高潮，大家都陶醉于美味的食物与香浓的美酒中时，突然来了一位不速之客，长相狰狞的他伸手把摆设食物的桌子推翻，把盆栽摔向水池中，在场的人都四处乱奔。这时候，维纳斯突然发现丘比特不见了，她找遍了宴会的各个角落，终于在钢琴底下，找到了已经吓得浑身发抖的丘比特，维纳斯将丘比特紧紧地抱在怀中。为了防止丘比特再度与她失散，维纳斯用一条绳子将两个人的脚绑在一起，然后再变成两条鱼，如此一来，就成功地逃离了这个可怕的宴会。母子俩就这样以尾巴相连、永不分离的姿势升天，成为了天空中的双鱼座。

4.白羊座

白羊座（3月21日～4月20日）白羊宫是黄道十二宫的第一宫，黄经从0°到30°，原居白羊座，故得名。但由于岁差，现已移至双鱼座。每年3月21日前后太阳到这一宫，那时的节气是春分，所以春分点又叫“白羊宫第一点”。

白羊座的象征是一头公羊，也可以诠释成公羊的角和鼻子。白羊座始于春季的第一天（北半球），象征一个新的开始。新生的绿芽，表现出大地新生和欣欣向荣的景象。

神话传说：

希腊国王阿塔马斯打算迎娶底比斯的公主伊娜为妻，伊娜却设计杀害阿塔马斯的前妻所生的两个小孩，因为正当饥荒，阿塔马斯派人前往台尔菲取得神谕，伊娜想办法传递假的神谕，说只要将小王子佛立克索斯与小公主赫蕾献祭就可解除饥荒。于是国王不明就里地将小王子与小公主送上祭坛，献祭时突然来朵云把这两人带走。

原来这是他们的生母向天神宙斯祈求后，由宙斯派一头金羊来救援，金羊载走两人后，往东方飞去，不料经过达达尼尔海峡时，公主赫蕾向下看一眼，因为感到害怕而摔落。平安获救的小王子落地后，将金羊宰杀献给天神宙斯，同时将金羊毛献给他当时投靠的国王阿尔特斯。尔后天神宙斯将这头金羊移到星空中，因而有了白羊座，而金羊毛更引发了日后希腊英雄杰森王子的冒险故事。

5.金牛座

金牛座（4月21日～5月20日）是北半球冬季夜空上最大、最显著的星座之一。

金牛星座的符号象征着力量，星

↓人们都说流星会将愿望带到远方双子座有一个流星群，即双子座流星雨

座符号中的圆形代表着太阳的出现，顾名思义，金牛在黄道十二宫中代表“金钱”。

神话传说：

众神之王宙斯向来以多情著称，不过，宙斯却有一位善妒又泼辣的老婆，就是天后赫拉，而且要是赫拉发起脾气，宙斯拿她一点办法都没有。

一次，宙斯无意间发现少女欧罗巴长得非常美丽，于是动了心，开始想尽办法追求欧罗巴。欧罗巴在知道宙斯对自己展开追求之后，心里也非常高兴，因为她很崇拜宙斯，对宙斯也心存爱慕。欧罗巴接受了宙斯的感情。可是，不久，这件事还是被赫拉知道了，她非常生气。宙斯赶紧找到欧罗巴，带着她飞越爱琴海，来到克里特岛。最后，赫拉还是找到了欧罗巴，并且把她变成一头牛。宙斯为了安慰变成牛的欧罗巴，于是让她列入天上群星之中，成为了金牛座。

6.双子座

双子座（5月21日～6月21日）星座符号是像Ⅱ的两根平行直线，两头再以两根较短的横条封口，这是十二个座中，唯一一个完全用人来表示的符号。这个符号代表着CASTO（卡斯特）与PULLUX（波鲁克斯）这两颗永不分离的孪生星星。

双子座有一个流星群，被称为双子座流星雨。它的辐射点在α星附近，在每年12月11日前后出现，到13日是流星最盛的时候。

神话传说：

天神宙斯和美丽的斯巴达王妃琳达生有一对孪生兄弟——卡斯特和波鲁克斯。这对兄弟继承了宙斯的优良血统，长大后都英勇非凡，两人在战场上并肩作战，所向无敌。一次，宙斯派他们去平息一场叛乱。两兄弟奋勇杀敌，但叛乱者也武艺高强，虽然两兄弟取得了胜利，但哥哥卡斯特却战死沙场。弟弟波鲁克斯虽然得到了奖励，但他仍然十分悲痛，不想一个人留在世界上。宙斯看到这个情形，内心十分感动，就将他们兄弟俩同列天上群星之中，相互为伴。

7.巨蟹座

巨蟹座（6月22日～7月22日）的符号就像是一只顶着硬壳的可爱小螃蟹横行的模样，有些占星家则认为，巨蟹座

↑十二星座连同其神话故事深入人心，人们将十二星座的象征物都分别制作成了景观雕塑图为巨蟹座的雕塑

的星座符号像是两只对峙的小螃蟹，平衡着一个至日的起点，太阳在夏日的第一天进入巨蟹座开始夏至。

神话传说：

在希腊神话里，赫拉克勒斯是宙斯与凡人生的儿子，天后赫拉三番两次要置他于死地。一次，他来到麦锡尼王国，国王因为受到赫拉的指使，给他出了一道难题——杀掉住在沼泽区的九头蛇。这事很难办，因为每砍掉一个头便会马上生出无数个头。

赫拉克勒斯想到一个办法——用火烧焦蛇头，就这样轻易解决了八个蛇头。眼看马上大功告成，赫拉气得怒火中烧，她不甘心失败，就又从海里叫来一只巨大的螃蟹要阻碍赫拉克勒斯。巨蟹伸出了强有力的双螯夹住赫拉克勒斯的脚，但赫拉克勒斯力大无穷，这只巨蟹死在了他的手下。

赫拉又失败了，但对巨蟹不顾一切牺牲自己的忠诚之心心存感激，于是赫拉将它放置在天上，成了巨蟹座。

8.狮子座

狮子座（7月23日～8月22日）的星座符号是黄道十二宫中最简单易辨的，就是一条狮子尾巴，象征着权力。

神话传说：

狮子座也与赫拉克勒斯有关。天后赫拉为了除掉赫拉克勒斯想尽了办法。一次，她施用法术故意让赫拉克勒斯发疯后打自己的妻子，赫拉克勒斯清醒了以后十分懊悔，决定要以苦行来洗清自己的罪孽。他来到麦锡尼请求国王派给他任务，谁知道国王受赫拉的指使，交给了他12项难如登天的任务，其中之一就是要杀死一头食人狮。

赫拉克勒斯费尽千辛万苦才在森林中找到了巨狮。他先用神箭射它，再用木棒打它，最后武器用尽，狮子仍然没死，赫拉克勒斯就与狮子肉搏，终于杀死了狮子，但自己也受伤不轻。

赫拉为了纪念食人狮与赫拉克勒斯奋力而战的勇气，就将食人狮丢到空中，变成了狮子座。

9.处女座

处女座（8月23日～9月22日）是

↓星空中的处女座

最大的黄道带星座，位于西面的狮子座与东面的天秤座之间。处女座的星座符号可能是十二个星座符号中最难懂的，它与天蝎座符号十分相似，差别只是处女座符号上加上一个倒“v”。占星家认为，处女座的符号，就像是一位手持一串谷物的处女，而她们手中的每一粒谷物，都象征着由经验的田野中所收获的智慧果实。

神话传说：

在古希腊神话中，处女座是一位长着双翅的漂亮女神，她的名字叫得墨忒耳，是专门管理农业的一位天神，称谷物女神。

天神之王宙斯与得墨忒耳结合，生下一个漂亮的女儿，取名普西芬尼。冥王哈得斯垂涎普西芬尼长得漂亮，就用魔法将她抢到冥府做了妻子。得墨忒耳听说女儿已经做了冥王之妻，便悲伤地离家出走，在远方的一个山洞里隐居起来。自从得墨忒耳隐居之后，地球上的万物都失去了生机，世界变得一片荒凉。宙斯知道后，就派人与冥王协商。冥王同意普西芬尼去探望母亲。得墨忒耳知道女儿来看她时，就高兴地从隐居的山洞中走了出来。她一走出山洞万物就焕发了生机，草木全部复活，世界重新披上了绿装。为了能让得墨忒耳每年都能与女儿团聚一段时间，宙斯就把得墨忒耳提升到天界固定为处女座，并允许她们母女每年冬季可团聚3个月。团聚期间母女俩到隐居的山洞生活。当女儿回冥府后，得墨忒耳便在大地上空巡视，这时便是春、夏、秋三个季节，而冬季就看不到她了。

10.天秤座

天秤座（9月23日～10月22日）的星座符号是一把四平八稳的秤，在古希腊星座体系中，天秤座为天蝎座的一部分。后来古罗马人观测到秋分点的位置在某颗较亮星附近，就把这一

↓天秤座以正义女神的公平秤为之命名，其星座符号就是一把四平八稳的秤

区域从天蝎座中分离出来，以正义女神的公平秤为之命名，那颗亮星就成为天秤座a星。

神话传说：

天秤是正义女神在为人类做善恶裁判时所用的，一只手持秤，一只手握斩除邪恶的剑。为求公正，她的眼睛总是蒙着。从前的众神和人类和平共处生活在大地上。人类很聪明，逐渐学会了建房子、铺道路，与此同时也学会了钩心斗角。战争和罪恶开始在人间蔓延，许多神无法忍受纷纷回到天上居住，但正义女神不舍得回去，选择继续留在世界上，教人为善。但人类仍然打打杀杀，战争不断，死伤无数。最后正义女神也放弃人类回到了天上。而天空就高挂着象征正义和公正的天秤座了。

11.天蝎座

天蝎座（10月23日～11月22日）位于南半球，在西面的天秤座与东面的人马座（射手座）之间，是一个接近银河中心的大星座。天蝎座的星座符号看起来就像是一只翘着尾巴的毒蝎子。

神话传说：

奥利安是古希腊英武的猎人，是海神波塞冬与凡间女子所生。波塞冬赋予他一种神奇的本领，不仅能在山野奔跑，还能在海上行走。一天，他遇到了月亮与狩猎女神阿尔忒弥斯，他们一见钟情。但月神的哥哥阿波罗反对妹妹和奥利安来往，就派一只大蝎子咬死了奥利安。之后月神请神医将奥利安救活了。后来阿波罗又利用奥利安在海上远处行走看不清面目的情况，设计让月神亲手射杀了奥利安。知道真相后，月神非常伤心。为了让女儿高兴，宙斯就将奥利安变成猎户星座，以便经常陪伴女儿。那只大蝎子则被化作天蝎座。为了避免他们在天上打起来，宙斯就让他们天各一方，永不相见。所以天蝎座出现在夏夜星空，而猎户座只在冬夜里露面。

12.人马座

人马座（11月23日～12月21日）又名射手座，它的象征符号是简单的箭头。银河系中心就在人马座方向。

神话传说：

人马座是为了纪念希腊神话中一个较为英勇的人物——喀戎。在希腊传说中，有一种半人半马状的半兽族，善于奔跑，英勇善战，它们时常手持弓箭驰骋在山野之中。在这个种族中有一位与众不同的人马，这就是喀戎。喀戎性情温和，多才多艺，少年时，就从太阳神阿波罗和月亮神阿尔忒弥斯那里学到了许多本领。长大后，他文武兼备，并且精通天文、地理知识，身怀绝技的喀戎长期隐居在一个山洞里，以教授徒弟本领为职业。他赢得了很多人的爱戴。

一天，喀戎的学生与其他人马发生了冲突。混战中一些人躲进了喀戎的山洞。他的一个学生在追赶人马时向他们射箭，其中一只蘸有海蛇毒血的箭误伤了老师喀戎的腿。结果毒血侵入喀戎的身体，喀戎身亡了。宙斯怜悯喀戎的惨死，在天界赐予他一个位置，这就是我们看到的人马座。

↓人马座又名射手座，图为夜空中的人马座

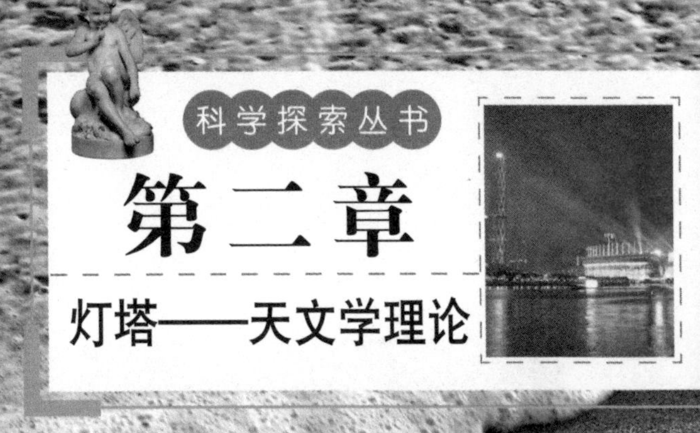

第二章

灯塔——天文学理论

如果说各项伟大的研究成果铺就了天文学发展的道路，那天文学理论则是指引天文学发展的灯塔，有了灯塔光亮的指引，人类的发现研究才能朝着正确的方向前进。

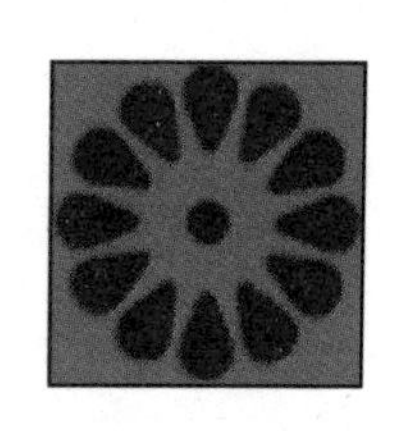

万有引力定律

引言：

牛顿在科学上做出了巨大贡献。他发现的万有引力定律，为现代天文学的发展奠定了可靠的基础。

人类最伟大的科学家：牛顿

↓牛顿画像

牛顿（1642 ~1727年），英国皇家学会会员，伟大的物理学家、数学家、天文学家、自然哲学家。他在1687年发表的论文《自然哲学的数学原理》里，对万有引力和三大运动定律进行了描述。

这些描述奠定了此后三个世纪里物理世界的科学观点，并成为了现代工程学的基础。他通过论证开普勒行星运动定律与自己的引力理论间的一致性，展示了地面物体与天体的运动都遵循着相同的自然定律，这就是万有引力定律。万有引力定律的发现是

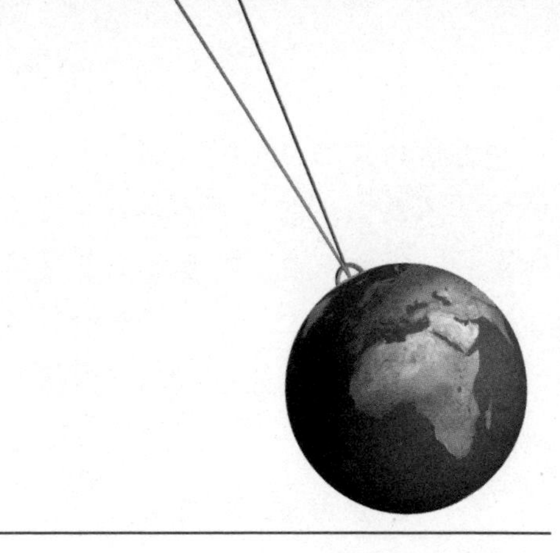

↑牛顿摆球是牛顿惯性定律的一种演示模型

人类科学史上的里程碑，发起了科学革命。

在力学上，牛顿阐明了动量和角动量守恒之原理。牛顿在光学、数学、热学、天文学、哲学等方面都做出了卓越的贡献。在2005年，英国皇家学会进行了一场“谁是科学史上最有影响力的人”的民意调查，牛顿被认为比阿尔伯特·爱因斯坦更具影响力。

牛顿的伟大成就

力学方面的贡献

牛顿在伽利略等人工作的基础上进行深入研究，总结出了物体运动的三个基本定律（又称牛顿三定律）：

牛顿第一定律（惯性定律）：任何一个物体在不受任何外力或受到的力平衡时（Fnet=0），总保持匀速直线运动或静止状态，直到有作用在它上面的外力迫使它改变这种状态为止。

牛顿第二定律是力的瞬时作用规律：力和加速度同时产生、同时变化、同时消失。

牛顿第三定律的内容主要有：两个物体之间的作用力和反作用力，总是同时在同一条直线上，大小相等，方向相反。

牛顿还是万有引力定律的发现者。牛顿在开普勒行星运动定律以及其他人的研究成果上，用数学方法导出了万有引力定律。这种把地球上物

↓牛顿是世界公认的大科学家，很多国家的人民以各种方式纪念他

体的力学和天体力学统一到一个基本的力学体系中，创立了经典力学理论体系。正确地反映了宏观物体低速运动的宏观运动规律，实现了自然科学的第一次大统一。这是人类对自然界认识的一次飞跃。

数学方面的贡献

牛顿最卓越的数学贡献就是创建了微积分。

牛顿为解决运动问题，创立了这种和物理概念直接联系的数学理论。微积分所处理的一些具体问题，如切线问题、求积问题、瞬时速度问题以及函数的极大和极小值问题等，在牛顿前已经得到人们的关注并开始研究了。但牛顿超越了前人，对以往分散的结论加以综合，将自古希腊以来求解无限小问题的各种技巧统一为两类普通的算法——微分和积分，并确立了这两类运算的互逆关系，从而完成了微积分研究中最关键的一步，为近代科学发展提供了最有效的工具，开辟了数学上的一个新纪元。他也证明了广义二项式定理，提出了“牛顿法”以趋近函数的零点，并为幂级数的研究做出了贡献。

光学方面的贡献

牛顿曾致力于颜色的现象和光的本性的研究。1666年，他用三棱镜研究日光，得出结论：白光是由不同颜

↓牛顿第二运动定律公式

色（不同波长）的光混合而成的，不同波长的光有不同的折射率。在可见光中，红光波长最长，折射率最小；紫光波长最短，折射率最大。牛顿的这一重要发现成为光谱分析的基础，揭示了光色的秘密。

热学方面的贡献

牛顿确定了冷却定律，即当物体表面与周围有温差时，单位时间内从单位面积上散失的热量与这一温差成正比。

天文学方面的贡献

牛顿在1672年创制了反射望远镜。他用质点间的万有引力证明，密度呈球对称的球体对外的引力都可以用同质量的质点放在中心的位置来代替。他还用万有引力原理说明潮汐的各种现象，指出潮汐的大小不但同月球的位相有关，而且同太阳的方位有关。

哲学方面的贡献

牛顿的哲学思想基本属于自发的唯物主义，他承认时间、空间的客观

↓三棱镜可以将阳光分解

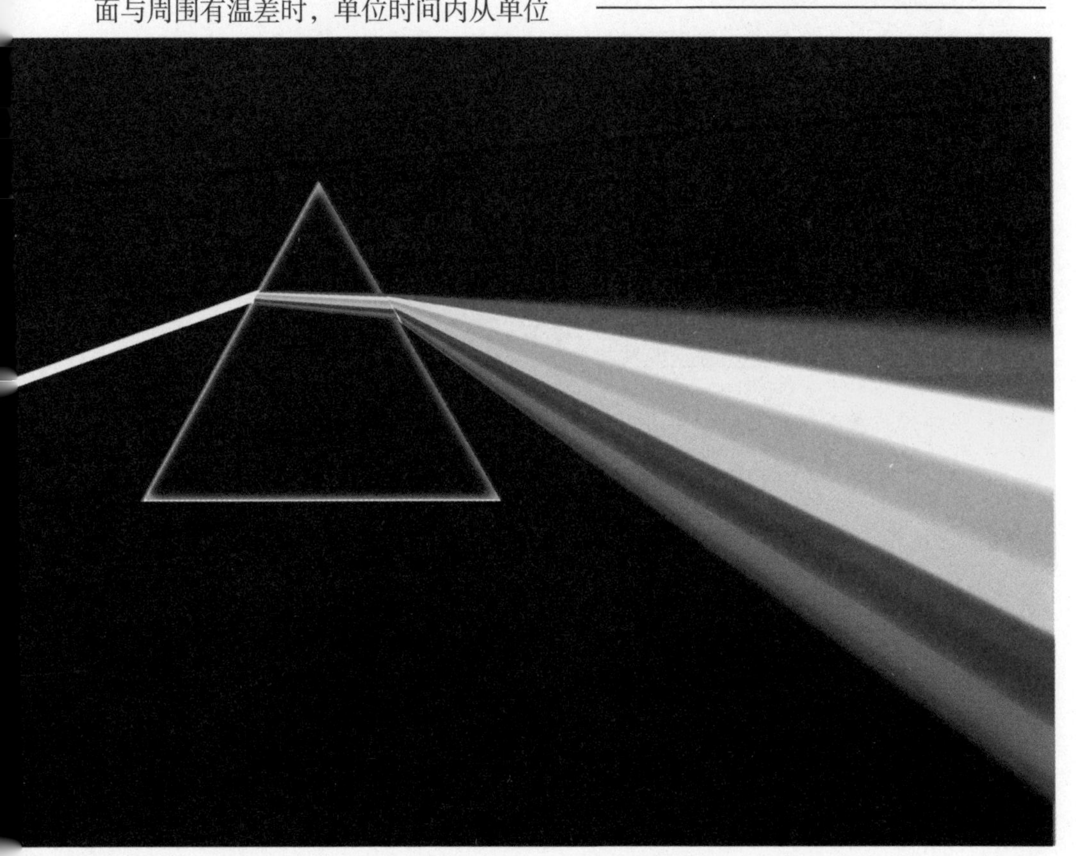

相关链接

从1670年到1672年，牛顿负责讲授光学。在此期间，他研究了光的折射，发现了色光不会改变自身的性质。牛顿还注意到，无论是反射、散射或发射，色光都会保持同样的颜色。因此，我们观察到的颜色是物体与特定有色光相合的结果，而不是物体产生颜色的结果。因此，他认为任何折光式望远镜都会受到光散射成不同颜色的影响，并因此发明了反射式望远镜（现称作牛顿望远镜）来回避这个问题。

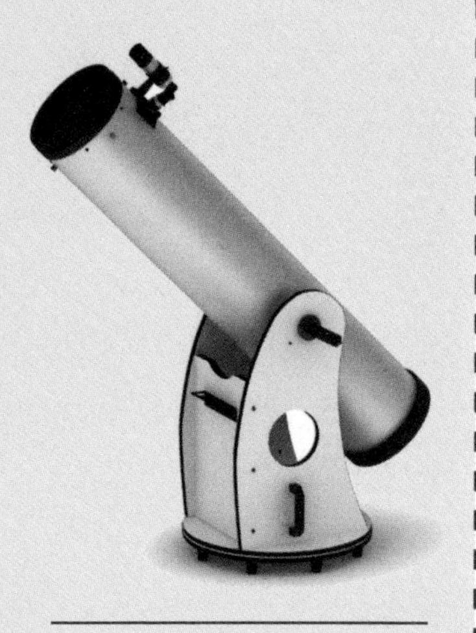

↑望远镜

牛顿发明的反射式望远镜的原理是使用一个弯曲的镜面将光线反射到一个焦点上。这种设计方法比使用透镜将物体放大的倍数高出数倍。牛顿在经过多次研制非球面的透镜都不成功后，才决定用球面反射镜作为望远镜主镜。他把2.5厘米直径的金属磨制成一个凹面反射镜，并在主镜的焦点前放了一个与主镜成45度角的反射镜，使经主镜反射后的会聚光经反射镜后以90度角反射出镜筒后到达目镜。现在所有的巨型望远镜大多属于反射望远镜，牛顿望远镜为反射望远镜的发展铺平了道路。

↑光的折射

存在。

万有引力定律及其适用范围

万有引力定律

万有引力定律是艾萨克·牛顿在1687年于《自然哲学的数学原理》上发表的。牛顿的普适万有引力定律表示如下：

任意两个质点通过连心线方向上的力相互吸引。该引力的大小与它们的质量乘积成正比，与它们距离的平方成反比，与两物体的化学本质或物理状态以及中介物质无关。

↑万有引力定律公式

万有引力定律是解释物体之间的相互作用的引力的定律，是物体（质点）间由于它们的引力质量而引起的相互吸引力所遵循的规律。

用公式表示如下：

$F_g=G\times m_1m_2/r^2$

（$G=6.67\times10^{-11}\text{N}\cdot\text{m}^2/\text{kg}^2$）

F：两个物体之间的引力

G：万有引力常量

m_1：物体1的质量

m_2：物体2的质量

r：两个物体之间的距离

依照国际单位制，F的单位为牛顿（N），m_1和m_2的单位为千克（kg），r 的单位为米（m），常量G近似地等于：$6.67\times10^{-11}\text{N}\cdot\text{m}^2/\text{kg}^2$（牛顿米的平方、每千克的平方）。

由公式可以看出排斥力F一直都将不存在，这意味着净加速度的力是绝对的（这个符号规约是为了与库仑定

知识外延

库仑定律是电磁场理论的基本定律之一。真空中两个静止的点电荷之间的作用力与这两个电荷所带电量的乘积成正比，和它们距离的平方成反比，作用力的方向沿着这两个点电荷的连线，同名电荷相斥，异名电荷相吸。

↓即使各天体间远隔人类听来遥不可及的
距离，仍因相互之间的引力互相影响着

↑在太阳系中，太阳就是一位“大家长”

律相容而订立的，在库仑定律中绝对的力表示两个电子之间的排斥力）。

牛顿在推出万有引力定律的同时，并没能得出引力常量G的具体值。G的数值于1789年由卡文迪许利用他所发明的扭秤得出。卡文迪许的扭秤试验，不仅以实践证明了万有引力定律，同时也让此定律有了更广泛的使用价值。

卡文迪许测出的$G=6.7\times10^{-11}N\cdot m^2/kg^2$，与现在的公认值$6.67\times10^{-11}N\cdot m^2/kg^2$极为接近；直到1969年（180年之后），$G$的测量精度还保持在卡文迪许的水平上。

万有引力的适用范围

万有引力定律产生于对太阳系内行星运动的研究，但它对物质运动的适用性却要广泛得多。适用于两个可以视为质点的物体之间，或者是两个均匀球之间。可以这样说，宇宙中凡有引力参与的一切复杂的现象，无不要归结到这样一条十分简洁的定律之中，这不能不使人惊叹宇宙万物超乎寻常的和谐以及人类理性思考所具有的统摄力。即使在今天，广义相对论作为牛顿引力理论的新版本也仍在宇宙学中发挥重要作用，万有引力概念的普适性甚至超越了整个可观测的宇宙！

万有引力与重力

地面附近的物体由于地球的吸引而受到重力作用，但是物体所受重力一般并不等同于地球对物体的万有引力。地球对物体的万有引力产生两个效果：一是使物体随地球一起参与地球的自转，一是使物体落向地面（或压在地面上）。也就是说，万有引力可以分解为两个力，即维持物体随地球自转也就是绕地轴做匀速圆周运动所需的向心力以及重力。

根据现代科学的论证，重力的大小一般不等于万有引力，方向一般也并不指向地球中心，只有两极和赤道处重力方向才指向地心。不同纬度处物体随地球自转做圆周运动的半径不同，所需向心力也随之变化，物体所受重力的大小也变化，即地面附近的重力加速度应随纬度变化。

万有引力定律的局限性

尽管牛顿对重力的描述对于众多实践运用来说十分精确，但它同时也存在一定的局限性：

（1）万有引力定律未能说明两物体间的引力是跨越时空进行传递的，尽管持引力超距作用观点并非牛顿本人，而是其后来的追随者，但万有引力定律不能克服超距作用的困难。

（2）牛顿在确定质量为m的行星绕太阳旋转所受到的向心力与两者间的万有引力关系，即 $f_{向} = mv^2/r = f_{引} = G\,Mm/r^2$，未加指明地认为两种力涉及的比例常数$m$相等，这实际隐含另一个重要假定：$m_{惯}=m_{引}$，系统地解释这一问题要依靠广义相对论。

↓牛顿是英国人的骄傲，是英国科学史上的伟大人物之一图为英国大英图书馆的牛顿进行研究工作时的青铜像

（3）万有引力定律对天体运动成因的解释是建立在绝对时空参考系基础上的，这使它的某些预测结论与事实不符，如水星运动偏差的问题等。

尽管存在一定的局限性，但万有引力定律的发现，仍然是17世纪自然科学最伟大的成果之一。它把地面上物体运动的规律和天体运动的规律统一了起来，对以后物理学和天文学的发展具有深远的影响。它第一次解释了一种基本相互作用的规律（自然界中四种相互作用之一），在人类认识自然的历史上树立了一座里程碑。

↑曾经那个普通的苹果因为牛顿的故事而变得不普通，说到牛顿人们都会想起那个有关苹果的故事

牛顿的发现过程

苹果轶事

说到牛顿万有引力的发现，就一定会提到那个砸到牛顿头顶的苹果，这个关于苹果的故事已经成为万有引力发现过程中的佳话。

1666年夏末一个温暖的傍晚，在英格兰林肯州乌尔斯索普，腋下夹着一本书的牛顿走进母亲家的花园里，坐在一棵树下，开始埋头读书。当他翻动书页时，他头顶的树枝中有一颗熟透了的苹果掉了下来。这个历史上最著名的苹果，不偏不倚砸在了23岁的牛顿的头上。而当时牛顿正在苦苦地思索着一个问题：是什么力量使月球保持在环绕地球运行的轨道上，以及使行星保持在其环绕太阳运行的轨道上？头顶隐隐作痛的牛顿，看着滚到地上的苹果陷入了沉思：为什么苹果熟后会坠落到地上？正是从思考这一问题开始，他找到了之前问题的答案——万有引力理论。

几百年来，随着牛顿万有引力的传播，苹果的故事也已经传遍了世界。由于牛顿在《自然哲学的数学原理》一书中并没有叙述苹果落地的故事，所以人们以为这只是一个杜撰的故事。但实际上，牛顿的亲戚和朋友多次证实苹果落地的故事。法国文学家、科学家伏尔泰曾追忆过，他在牛顿去世前一年，即1726年去英国时，

听牛顿的继姊妹说过，一天，牛顿躺在苹果树下，忽然看到一个苹果落地，引起了他的思考。牛顿灵机一动，脑中突然形成一种观点：苹果落地和行星绕日会不会由同一宇宙规律所支配的？在思考中牛顿就悟出了万有引力定律。

牛顿晚年的一位密友斯多克雷也明确提到，在1742年4月的一天，和牛顿共进午餐后，他们一起来到牛顿家后园，并在苹果树下饮茶。在谈话中“他（指牛顿）告诉我正是在过去同样情况下，注意引力的思想出现在他的脑海里，那是在一棵苹果树下偶然发生的，当时他处于沉思冥想之中”。

牛顿非常喜欢讲故事，他曾经将苹果的故事告诉过一个传记作家威廉·斯达克利。斯达克利在他撰写的《艾萨克·牛顿爵士生平回忆录》中写道：当牛顿正坐着沉思时，突然从苹果落地中获得灵感，他就问自己为什么苹果总是垂直落地，为什么不是向侧面或者向上而总是朝向地球中心呢？

牛顿晚年再次讲述之时，距离苹果落地已经60多年了，一个老人对此还记忆犹新，说明苹果曾在牛顿的发现中起到过重大的作用。跟我们关心这个故事的猎奇心理不同，牛顿获得的突破是知道了问题的关键不在于苹果坠落，而是有一种外力驱使着它坠落，这种外力存在于任何两物体之间，并且也会在月球和其他行星上出现。

牛顿的思考

抛开牛顿的苹果轶事，回到当时的科学背景，牛顿是如何发现万有引力定律的呢？

在17世纪中期，“日心说”已在科学界基本否认了“地心说”，如果认为只有地球对物体存在引力，即地球是一个特殊物体，则势必会退回“地球是宇宙中心”的说法，而认为物体间普遍存在着引力，可这种引力在生活中又难以观察到，原因是什么呢？当时天文学家开普勒通过观测数据得到了开普勒第三定律：所有行星轨道半径的3次方与运动周期的2次方之比是一个定值。

牛顿在思考物体间普遍存在着引力的时候，已经得到了他的第三定律，即作用力等于反作用力。牛顿认为“适合于地面现象的物理规律同样适用于宇宙过程”，在当时这是一个相当大胆的观念上的突破，因为自从亚里士多德严格区分“天上运动”和“地面运动”以来，不能以地面的规律来衡量天体运动的观念已统治人们的思维两千多年了。

倘若将运动第三定律用于宇宙的话，根据当时的“日心说”，既然行星都围绕太阳旋转，那行星对太阳也有引力。同时，太阳也不是一个特殊物体，它和行星之间的引力也应与太阳的质量m成正比。牛顿在总结了伽利略、惠更斯等人的研究成果后运用他的运动定律和微积分原理解决了这个问题，推导出了万有引力定律，用语言表述，就是：太阳与行星之间的引力，与它们质量的乘积成正比，与它们距离的平方成反比。

卡文迪许的补充

牛顿发现了万有引力定律，但引力常量G这个数值是多少，他并不知道。按说只要测出两个物体的质量，测出两个物体间的距离，再测出物体间的引力，代入万有引力定律，就可以测出这个常量。但因为一般物体的质量太小了，它们间的引力无法测出，而天体的质量太大了，又无法测出质量。所以，万有引力定律发现了100多年，万有引力常量却仍然没有一个准确的结果，牛顿的万有引力定律的公式也就不算完善。100多年后，英国物理学家、化学家卡文迪许利用扭秤，才巧妙地测出了这个常量。

卡文迪许改进了英国机械师米歇尔（1724～1793年）设计的扭秤，在其悬线系统上附加小平面镜，利用望远镜在室外远距离操纵和测量，防止了空气的扰动（当时还没有真空设备）。他用一根0.99米的镀银铜丝吊一1.83米木杆，杆的两端各固定一个直径0.05米的小铅球，另用两颗直径0.3米的固定着的大铅球吸引它们，测出铅球间引力引起的摆动周期，由此计算出两个铅球的引力，由计算得到的引力再推算出地球的质量和密度。他算出的地球密度为水密度的5.481倍（地球密度的现代数值为$5.517g/cm^3$），由此可推算出万有引力常量G的数值为$6.754\times10^{-11}N\cdot m^2/kg^2$。这一实验的构思、设计与操作十分精巧，英国物理学家J.H.坡印廷曾对这个实验做过这样的评语：“开创了弱力测量的新时代。”

卡文迪许测定的G值为6.754×10^{-11}，现在公认的G值为6.67×10^{-11}。需要注意的是，这个引力常量是有单位的：它的单位应该是乘以两个质量的单位千克，再除以距离的单位米的平方后，得到力的单位牛顿，故应为$N\cdot m^2/kg^2$。

$G=6.67\times10^{-11}N\cdot m^2/kg^2$

由于引力常量的数值非常小，所以一般质量的物体之间的万有引力是很小的，只有质量很大的物体对一般物体的引力我们才能感觉到，如地球对我们的引力大致就是我们的重力，月球对海洋的引力导致了潮汐现象。

万有引力于天文学的贡献

万有引力定律揭示了天体运动的规律，在天文学上和宇宙航行计算方面有着广泛的应用。它为实际的天文观测提供了一套计算方法，可以只凭少数观测资料，就能算出长周期运行的天体运动轨道。科学史上哈雷彗星、海王星、冥王星的发现，都是应用万有引力定律取得重大成就的例子。利用万有引力公式、开普勒第三定律等还可以计算太阳、地球等无法直接测量的天体的质量。牛顿还解释了月亮和太阳的万有引力引起的潮汐现象。他依据万有引力定律和其他力学定律，对地球两极呈扁平形状的原因和地轴复杂的运动，也成功地做了说明，推翻了古代人类认为的神之引力。

↓海王星

发现未知天体

英国剑桥大学的学生，23岁的亚当斯，经过计算，提出了新行星存在的预言。他根据万有引力定律和天王星的真实轨道逆推，预言了新行星不同时刻所在的位置。

同年，法国的勒维列也算出了同样的结果，并把预言的结果寄给了柏林天文学家加勒。当晚，加勒把望远镜对准勒维列预言的位置，果然发现有一颗新的行星——海王星。

海王星发现之后，人们发现它的轨道也与理论计算的不一致。于是几位学者用亚当斯和勒维列的方法预言另一颗新行星的存在。

在预言提出之后，1930年，汤博发现了这颗行星——冥王星。冥王星的实际观测轨道与理论计算的一致，所以人们确认，冥王星是太阳系最外一颗行星了（它曾经是太阳系九大行星之一，但后来被降格为矮行星）。

潮汐现象与万有引力

潮汐现象是指海水在天体（主要是月球和太阳）引潮力作用下所产生的周期性运动，习惯上把海面垂直方向涨落称为潮汐，而海水在水平方向的流动称为潮流。古代称白天的河海涌水为“潮”，晚上的称为“汐”，合称为“潮汐”。

↓潮汐现象与月亮和太阳对海水的吸引力密切相关

我国公元2世纪的文献已记载月望（满月）之日十分壮观的海潮。东汉王充在《论衡》中写道：“涛之起也，随月盛衰，大小、满损不齐同。”可见，我国古代已知道潮汐与月球有关。到了17世纪80年代，英国科学家牛顿发现了万有引力定律之后，提出了“潮汐是由于月亮和太阳对海水的吸引力引起”的假设，科学地解释了产生潮汐的原因。

地球自转对潮汐没有影响。在地球自转时，地球表面任一水质点都受到地心引力和地球自转产生的向心力的作用。但对于地球上每一点来说，其大小和作用方向都是不随时间变化的，所以通常包括在重力的概念之中。它们的作用只决定地球的理论状态，而对潮汐现象无影响。因此，在引潮力分析中，可假定地球不自转。

当太阳、月亮、地球位于一条线上时，月亮和太阳共同产生引力（也叫引潮力）对地球吸引，引起海水的大幅上涨。这时的潮叫大潮，一般出现在农历初一（新月）和十五（满月）。

当地球、太阳、月亮三者之间的关系是一个直角的形状，太阳和月亮的引力有部分就会相互抵消，所以产生的涨潮幅度不大，就叫小潮。一般出现在农历初七和二十二左右。

由于太阳与地球的距离大于月球与地球之间的距离，根据万有引力定律可知，引力与物体之间距离的平方成反比，即距离越大，引力越小；距离越小，引力越大。所以，尽管太阳的质量远远大于月球，但月球与地球之间的距离要比太阳与地球之间的距离小得多，所以地球上的潮汐现象主要受月球引潮力的影响，这就出现了王充在《论衡》中所写的“涛之起也，随月盛衰，大小、满损不齐同”。

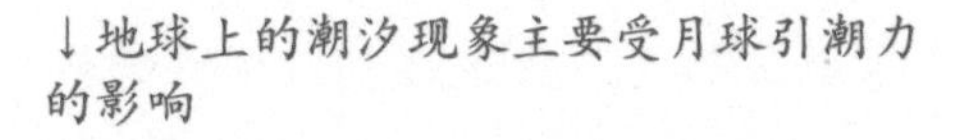
↓地球上的潮汐现象主要受月球引潮力的影响

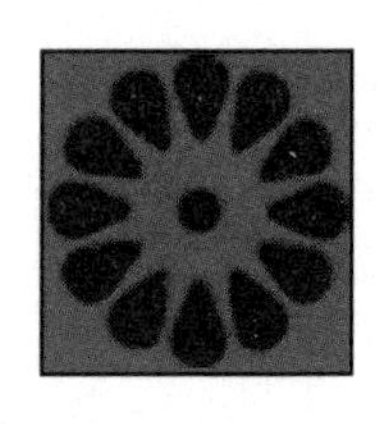

相对论

引言：

1930年爱因斯坦写道："我认为广义相对论主要意义不在于预言了一些微弱的观测效应，而是在于它的理论基础的简单性。"事实上确实如此。

认识爱因斯坦

爱因斯坦生平

阿尔伯特·爱因斯坦，世界十大杰出物理学家之一，现代物理学的开创者、集大成者和奠基人，同时也是一位著名的思想家和哲学家。爱因斯坦在1879年3月14日出生于德国西南的乌耳姆城，一年后随全家迁居慕尼黑。小时候的爱因斯坦并不活泼，3岁多还不会讲话，到9岁时讲话还不很流畅，所讲的每一句话都必须经过吃力但认真的思考。或许这是上帝对爱因斯坦的偏爱，在之后的岁月中，爱因斯坦表现出了明显高于常人的智商，加上自己的勤奋努力和刻苦钻研，他在物理学领域取得了非凡的成就。

1905年，爱因斯坦一连发表了《关于光的产生和转变的一个启发性观点》《论运动物体的电动力学》《物质的惯性同它所含有的能量有关吗？》等具有划时代意义的论文，提出了狭义相对论和光量子学说等，开创了物理学的新纪元。

1912年爱因斯坦提出了"光化当量"定律；1915年11月，提出广义相对论引力方程的完整形式，并且成功地解释了水星近日点运动； 1916年3月，完成总结性论文《广义相对论的基础》；同年5月提出"宇宙空间有限无界"的假说；同年8月完成《关于辐射的量子理论》，总结量子论的发

↑爱因斯坦的著名质能关系式$E=MC^2$对相对论的巨大支撑，甚至是宇宙学说的根基

相关链接

有一次，一个美国记者问爱因斯坦关于他成功的秘诀。他回答："早在1901年，我还是22岁的青年时，已经发现了成功的公式。我可以把这公式的秘密告诉你，那就是A=X+Y+Z！A就是成功，X就是正确的方法，Y是努力工作，Z是少说废话！这公式对我有用，我想对许多人也一样有用。"

展，提出受激辐射理论。

爱因斯坦在1915年所做的光线经过太阳引力场要弯曲的预言，在1919年由英国天文学家亚瑟·斯坦利·爱丁顿的日全食观测结果所证实。1916年他预言的引力波在1978年也得到了证实。爱因斯坦的相对论被认为是"人类思想中最伟大的成就之一"，

↑原子弹极具杀伤力和破坏性，爱因斯坦在原子弹的研制中曾起到推动作用，但他公开反对将其用于人类战争

爱因斯坦和相对论在西方成了家喻户晓的名词。

1917年，爱因斯坦用广义相对论的结果来研究宇宙的时空结构，发表了开创性的论文——《根据广义相对论对宇宙所做的考察》。论文分析了“宇宙在空间上是无限的”这一传统观念，指出它同牛顿引力理论和广义相对论都是不协调的。他认为，可能的出路是把宇宙看作是一个具有有限空间体积的自身闭合的连续区，以科学论据推论宇宙在空间上是有限无边的，这在人类历史上是一个大胆的创举，使宇宙学摆脱了纯粹猜想的思辨，进入现代科学领域。可以说，爱因斯坦开创了现代宇宙学。

1917年，爱因斯坦在《论辐射的量子性》一文中提出了受激辐射理论，成为激光的理论基础。爱因斯坦因在光电效应方面的研究，获得了1921年的诺贝尔物理学奖。

1937年6月，爱因斯坦同英费尔德和霍夫曼合作完成论文《引力方程和运动问题》，从广义相对论的场方程推导出运动方程，进一步揭示了空间、时间、物质、运动之间的统一性。这是广义相对论的重大发展，也是爱因斯坦在科学创造活动中所取得

↓核辐射标志

的最后一个重大成果。

1939年他获悉铀核裂变及其链式反应的发现，在匈牙利物理学家利奥·西拉德推动下，上书罗斯福总统，建议研制原子弹，以防德国占先。第二次世界大战结束前夕，美国在日本广岛和长崎两个城市上空投掷原子弹，爱因斯坦对此强烈不满。战后，为开展反对核战争和反对美国国内右翼极端分子的运动进行了不懈的斗争。

1955年4月，爱因斯坦逝世。

爱因斯坦的成就是举世公认的。法国物理学家朗之万1931年对爱因斯坦有这样的评价：“我们这一代的物理学家之中，爱因斯坦的地位将在最前列，他现在是并且将来也是人类宇宙中有头等光辉的一颗巨星，而且他也许更伟大，因为他的科学贡献深入到人类思想基本概念的结构中。”为了纪念这一科学巨人，第58届联合国大会把2005年定为世界物理年，以召唤更多的青年人投身于物理学。

爱因斯坦与中国

在1919年，爱因斯坦的相对论就开始介绍到中国，特别是通过1920年英国哲学家罗素来华讲学，给中国学术界留下了深刻的印象。向来就追求“自由”“民主”的爱因斯坦也将关注的目光投向了中国。1922年冬天，他应邀到日本讲学，往返途中，两次经过上海，一共停留了三天，亲眼看到了处于苦难中的中国，并寄予深切的同情。他在旅行日记中记下“悲惨的图像”和他的感慨：“在外表上，中国人受人注意的是他们的勤劳，是他们对生活方式和儿童福利的要求的低微。他们要比印度人更乐观，也更天真。但他们大多数是负担沉重的：男男女女为每日五分钱的工资天天在敲石子。他们似乎鲁钝得不理解他们命运的可怕。”

1936年11月，抗日救亡的呼声响彻中华大地。可当时的南京国民政府竟以“危害民国罪”在上海逮捕了救国会领导人沈钧儒等7人，炮制了著名的“七君子事件”。当时在普林斯顿大学当教授的爱因斯坦知道这个情况后就联名哥伦比亚大学教授杜威等一道，致电蒋介石。电文中称：“我们是中国的朋友，为了中国的统一，言论与结社的自由，我们在美国对于上海七君子之被捕，表示深切的关怀。”

1938年6月，为了帮助中国的抗日

战争，爱因斯坦还和罗斯福总统的长子一同发起“援助中国委员会”，在美国2000个城镇开展援华募捐活动。

爱因斯坦是真正的世界公民，他的爱是没有国界的，他对中国的感情没有任何功利色彩，完全建立在人类的同情心和强烈的人道主义情怀之上。他的思想也对中国日益产生深刻而久远的影响，影响了如许良英、周培源等人。1979年，北京隆重举行了爱因斯坦诞辰100周年的纪念大会。

相对论概述

相对论是关于时空和引力的基本理论，分为狭义相对论和广义相对论。

狭义相对论和广义相对论的区别是，前者讨论的是匀速直线运动的参照系（惯性参照系）之间的物理定律，后者则推广到具有加速度的参照系中（非惯性系），并在等效原理的假设下，广泛应用于引力场中。相对论和量子力学是现代物理学的两大基本支柱。

相对论的一个非常重要的推论是质量和能量的关系。爱因斯坦提出光速对于任何人而言都应该是相同。这意味着，没有东西可以运动得比光还快。当人们用能量对任何物体进行加速时，无论是粒子或者空间飞船，实际上要发生的是它的质量增加，使得对它进一步加速更加困难。要把一个

↓光速是目前已知的最大速度

↑在人类航天探索太空的过程中，物理学的重要性首屈一指

粒子加速到光速要消耗无限大能量，因而是不可能的。正如爱因斯坦的著名公式$E=mc^2$所总结的，质量和能量是等效的。

爱因斯坦独立引导并完成的相对论否定了经典力学的绝对时空观，深刻地揭示了时间和空间的本质属性，也发展了牛顿力学，将其概括在相对论力学之中。爱因斯坦的相对论改变了人类的时空观，改变了人类对引力本质、质量和能量等物理概念的理解。19世纪末，人们认为物理学的大厦已经建成，剩下的只不过是修缮工作。爱因斯坦则打破了牛顿力学时空观，向人们展示了新奇的物理世界。

狭义相对论的建立

早在16岁时，爱因斯坦就从书本上了解到光是以很快速度前进的电磁波。他产生了一个想法，如果一个人

↑宇宙空间除去明亮可见的星体，还有多少种暗物质填充其中呢？

以光的速度运动，他将看到一幅什么样的世界景象呢？他将看不到前进的光，只能看到在空间里振荡着却停滞不前的电磁场。这种事可能发生吗？

与此相联系，他非常想探讨与光波有关的所谓以太的问题。

“以太”是希腊语，原意为上层的空气，指在天上的神所呼吸的空气。在宇宙学中，有时又用以太来表示占据天体空间的物质。17世纪的笛卡尔和其后的惠更斯首创并发展了以太学说，认为以太就是光波传播的媒介，它充满了包括真空在内的全部空间，并能渗透到物质中。

与以太说不同，牛顿提出了光的微粒说。关于光的本质，牛顿认为光是由一颗颗像小弹丸一样的机械微粒

知识外延

光是人类眼睛可以看见的一种电磁波，也称可见光谱。在科学上的定义，光是指所有的电磁波谱。光是由光子为基本粒子组成，具有粒子性与波动性，称为波粒二象性。光可以在真空、空气、水等透明的物质中传播。对于可见光的范围没有一个明确的界限，一般人的眼睛所能接受的光的波长在380～760nm之间。

↑随着科技的进步，人类可制造出多彩灯光，正所谓炫彩霓虹

关于光的奥秘是由英国物理学家、数学家麦克斯韦所揭示的。麦克斯韦在经过几年时间的精心研究中发现：电磁场会制造出一种波，与海洋波十分类似。令他吃惊的是，他计算了这些波的速度，发现那正是光的速度！在1864年，他预言性地写道："这一速度与光速如此接近，看来我们有充分的理由相信光本身是一种电磁干扰。"光的秘密由此被揭开。

现在人们对于光速已经有了十分成熟的认识。

光在真空中1秒能传播299，792，458米，也就是说，真空中的光速为 $c=2.99792\times10^8m/s$。光在其他各种介质的速度都比在真空中的小。空气中的光速大约为 $2.99792\times10^8m/s$。在我们的计算中，真空或空气中的光速取为 $c=3\times10^8m/s$（最快，极限速度）。光在水中的速度比真空中小很多，约为真空中光速的3/4；光在玻璃中的速度比在真空中小的更多，约为真空中光速的2/3。太阳发出的光，要经过8分钟才能到达地球。

所组成的粒子流，发光物体接连不断地向周围空间发射高速直线飞行的光粒子流，一旦这些光粒子进入人的眼睛，冲击视网膜，就引起了视觉。

到19世纪时，波动学说占据了绝对优势。以太的学说也大大发展：波的传播需要媒质，光在真空中传播的媒质就是以太，也叫光以太。与此同时，电磁学得到了蓬勃发展，到19世纪60年代前期，麦克斯韦提出位移电流的概念，并在提出用一组微分方程来描述电磁场的普遍规律，这组方程后被称为麦克斯韦方程组。根据麦克斯韦方程组，可以推出电磁场的扰动以波的形式传播，以及电磁波在空气中的速度为每秒31万千米，这与当时

↓电磁波可在空气中传播

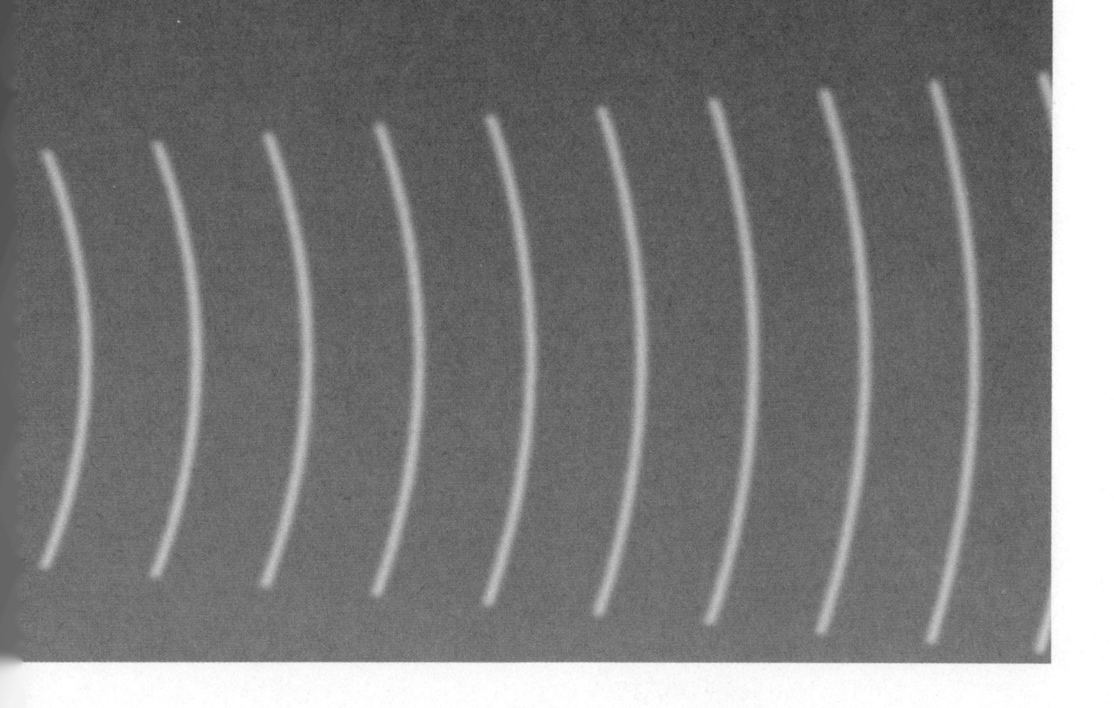

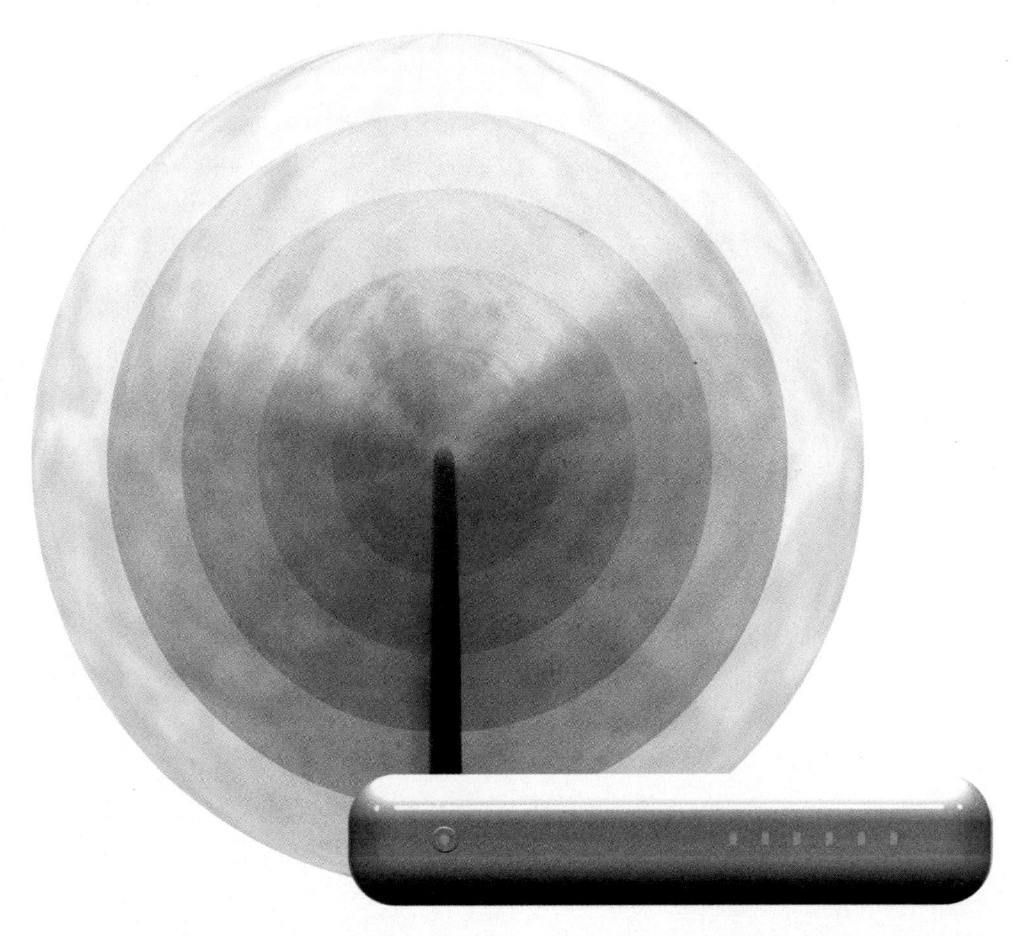

↑电磁学已经广泛应用于人类生活的诸多方面

已知的空气中的光速每秒31.5万千米在实验误差范围内是一致的。麦克斯韦在指出电磁扰动的传播与光传播的相似之后写道："光就是产生电磁现象的媒质（指以太）的横振动。"后来，赫兹用实验方法证实了电磁波的存在。光的电磁理论成功地解释了光波的性质，这样以太不仅在电磁学中取得了地位，而且电磁以太同光以太也统一了起来。以太不仅是光波的载体，也成了电磁场的载体。直到19世纪末，人们企图寻找以太，然而从未在实验中发现以太，相反，迈克耳逊-莫雷实验却发现以太不太可能存在。

电磁学的发展最初也纳入牛顿力学的框架，但在解释运动物体的电磁过程时却发现，与牛顿力学所遵从的相对性原理不一致。按照麦克斯韦理论，真空中电磁波的速度，也就是光的速度是一个恒量；然而按照牛顿力学的速度加法原理，不同惯性系的光速不同。例如，两辆汽车，一辆向你驶近，一辆驶离。你看到前一辆车的灯光向你靠近，后一辆车的灯光远离。根据伽利略理论，向你驶来的车将发出速度大于c（真空光速3.0×10^{8}m/s）的光，即前车的光的速度=光速+车速；而驶离车的光速小于

c，即后车光的速度=光速-车速。但按照麦克斯韦的理论，这两种光的速度相同，因为在麦克斯韦的理论中，车的速度有无并不影响光的传播，说白了不管车子怎样，光速等于c。这与伽利略的“速度变换一定会满足速度叠加”的说法明显相悖。我们如何解释这一分歧呢？爱因斯坦成功地解决了这个问题。

爱因斯坦认真研究了麦克斯韦电磁理论，特别是经过赫兹和洛伦兹发展和阐述的电动力学。爱因斯坦坚信电磁理论是完全正确的，但是有一个问题始终让他感到困惑，这就是绝对参照系以太的存在。他阅读了许多著作发现，所有人试图证明以太存在的试验都是失败的。经过研究，爱因斯坦发现，除了作为绝对参照系和电磁场的荷载物外，以太在洛伦兹理论中已经没有实际意义。于是爱因斯坦开始怀疑以太存在的必要性。

相对性原理已经在力学中被广泛证明，在电动力学中却无法成立，对于物理学这两个理论体系在逻辑上的不一致，爱因斯坦开始苦苦思考其中的原因。他认为，相对论原理应该普遍成立，因此电磁理论对于各个惯性系应该具有同样的形式，但在这里出现了光速的问题。光速是不变的量还是可变的量，成为相对性原理是否普遍成立的首要问题。受牛顿绝对空间概念的影响，当时的物理学家一般都相信以太，也就是相信存在着绝对参照系。

19世纪末，马赫在所著的《发展中的力学》中，批判了牛顿的绝对时空观，这给爱因斯坦留下了深刻的印象。在某些基本的宗旨性概念中，马赫和爱因斯坦之间有牢不可破的一致，如：追求科学概念的统一性，追求各门科学之间的统一性，以及科学进展的进化模型而不是革命的模型。甚至当爱因斯首次认真地号召对力学和电动力学的基础做深刻修正时，他仍说：“这仅仅是对我们现有理论的一种修正，而不是完全抛弃它们。”后来，爱因斯坦在与朋友贝索讨论这个已经探索了十年的问题时，贝索就按照马赫主义的观点阐述了自己

↓伽利略曾在《对话录》中详细阐述相对性原理的思想

知识外延

伽利略在《对话录》中写道：当你在密闭的运动着的船舱里观察力学过程时，“只要运动是匀速的，绝不忽左忽右摆动，你将发现，所有上述现象丝毫没有变化，你也无法从其中任何一个现象来确定，船是在运动还是停着不动。即使船运动得相当快，在跳跃时，你将和以前一样，在船底板上跳过相同的距离，你跳向船尾也不会比跳向船头来得远，虽然你跳到空中时，脚下的船底板向着你跳的相反方向移动。你把不论什么东西扔给你的同伴时，不论他是在船头还是在船尾，只要你自己站在对面，你也并不需要用更多的力。水滴将像先前一样，垂直滴进下面的罐子，一滴也不会滴向船尾，虽然水滴在空中时，船已行驶了很远。鱼在水中游向水碗前部所用的力，不比游向水碗后部来得大；它们一样悠闲地游向放在水碗边缘任何地方的食饵。最后，蝴蝶和苍蝇将继续随便地到处飞行，它们也绝不会向船尾集中，并不因为它们可能长时间留在空中，脱离了船的运动，为赶上船的运动显出累的样子。如果点香冒烟，则将看到烟像一朵云一样向上升起，不向任何一边移动。所有这些一致的现象，其原因在于船的运动是船上一切事物所共有的，也是空气所共有的。”

相对性原理思想是伽利略为了答复地心说对哥白尼体系的责难而提出的。虽然伽利略没有给出明确的时间和空间的概念，但是却详细阐述了相对性原理的思想。

的看法，在贝索的阐述中，爱因斯坦领悟到了什么。后来经过反复思考，他终于想明白了。第二天，他又来到贝索家，说：“谢谢你，我的问题解决了。”原来爱因斯坦想清楚了一件事：时间没有绝对的定义，时间与光信号的速度有一种不可分割的联系。后来，经过五个星期的努力工作，爱因斯坦把狭义相对论呈现在人们面前。

1905年6月30日，德国《物理学年鉴》接受了爱因斯坦的论文《论动体的电动力学》，并于9月份发表。这篇论文是关于狭义相对论的第一篇文章，它包含了狭义相对论的基本思想和基本内容。狭义相对论所根据的是两条原理：相对性原理和光速不变原理。爱因斯坦解决问题的出发点，是他坚信相对性原理。伽利略最早阐明过相对性原理的思想，但他没有对时间和空间给出过明确的定义。牛顿建立力学体系时也讲了相对性思想，但又定义了绝对空间、绝对时间和绝对运动，在这个问题上他是矛盾的。他认为：动者恒动，静者恒静。牛顿在《原理》一书中表述道：“绝对的、真正的和数学的时间自身在流逝着，而且由于其本性而在均匀地、与任何其他外界事物无关地流逝着，相对的、表观的和通常的时间是……通过运动来进行的量度，我们通常就用诸如小时、月、年等这种量度以代替真正的时间。”“绝对的空间，就其本性而言，是与外界任何事物无关，永远是相同的和不动的。相对空间是绝对空间的可动部分或者量度。”

爱因斯坦则大大发展了相对性原理。在他看来，根本不存在绝对静止的空间，同样不存在绝对同一的时间，所有时间和空间都是和运动的物体联系在一起的。对于任何一个参照系和坐标系，都只有属于这个参照系和坐标系的空间和时间。对于一切惯性系，运用该参照系的空间和时间所表达的物理规律，它们的形式都是相同的，这就是相对性原理，严格地说是狭义的相对性原理。在这篇文章中，爱因斯坦提出光速不变是一个大胆的假设，是从电磁理论和相对性原理的要求中提出来的。这篇文章是爱因斯坦多年来思考以太与电动力学问题的结果，他以同时的相对性这一点作为突破口，建立了全新的时间和空间理论，并在新的时空理论基础上给动体的电动力学以完整的形式，以太不再是必要的，以太漂流是不存在的。

↓根据爱因斯坦的相对性原理，物体的静动，取决于所选对照系的不同

↑质能方程式

爱因斯坦在狭义相对论中充分考虑了相对性的各种情况，他还特别解释了同时性的相对性。什么是同时性的相对性？不同地方的两个事件我们何以知道它是同时发生的呢？一般来说，我们会通过信号来确认。为了得知异地事件的同时性，我们就得知道信号的传递速度，但如何测出这一速度呢？我们必须测出两地的空间距离以及信号传递所需的时间，空间距离的测量很简单，麻烦在于测量时间。爱因斯坦引入了光信号，他认为光信号可能是用来对时钟最合适的信号。

但由于光速并不是无限大，这样就会出现一种情况，那就是对于静止的观察者同时发生的两件事，对于运动的观察者就不是同时的。就好比一列高速运行的列车，它的速度接近光速。列车通过站台时，甲站在站台上，有两道闪电在甲眼前闪过，一道在火车前端，一道在后端，并在火车两端及平台的相应部位留下痕迹，通过测量，甲与列车两端的间距相等，得出的结论是，甲是同时看到两道闪电的。因此对甲来说，收到的两个光信号在同一时间间隔内传播同样的距离，并同时到达他所在位置，这两起事件必然在同一时间发生，它们是同时的。但对于在列车内部正中央的乙而言，情况就有所改变。因为乙与高速运行的列车一同运动，因此他会先接收到对面传播来的前端信号，然后接收到从后端传来的光信号。对乙来说，这两起事件是不同时的。根据这

个事例，同时性不是绝对的，而取决于观察者的运动状态。这一结论否定了牛顿力学中引以为基础的绝对时间和绝对空间框架。

相对论认为，光速在所有惯性参考系中不变，它是物体运动的最大速度。由于相对论效应，运动物体的长度会变短，运动物体的时间膨胀。但由于日常生活中所遇到的物体，运动速度都是很低的（与光速相比），看不出相对论效应。

爱因斯坦在时空观的彻底变革的基础上建立了相对论力学，指出质量随着速度的增加而增加，当速度接近光速时，质量趋于无穷大。并且他给出了著名的质能关系式：$E=mc^2$（其中E代表完全释放出来的能量，m代表质量，c代表光速），质能关系式对后来发展的原子能事业起到了指导作用，也是宇宙学发展的重要根基。

广义相对论的建立

狭义相对论建立以后，对物理学起到了巨大的推动作用，并且深入到量子力学的范围，成为研究高速粒子不可缺少的理论，取得了丰硕的成果。然而在成功的背后，却有两个遗留下的原则性问题没有解决。

1905年，爱因斯坦发表了关于狭义相对论的第一篇文章后，并没有立即引起很大的反响。但是德国物理学的权威人士普朗克注意到了他的文章，认为爱因斯坦的工作可以与哥白尼相媲美，正是由于普朗克的推动，相对论很快成为人们研究和讨论的课题，爱因斯坦也受到了学术界的注意。

1907年，爱因斯坦听从友人的建

↓物体的加速度越大，其受到的重力就越大

议，提交了那篇著名的论文申请联邦工业大学的编外讲师职位，但得到的答复是论文无法理解。虽然在德国物理学界爱因斯坦已经很有名气，但在瑞士，他却得不到一个大学的教职。在 1908年，爱因斯坦才终于得到了编外讲师的职位，并在第二年当上了副教授。1912年，爱因斯坦当上了教授，1913年，应普朗克之邀，爱因斯坦担任了新成立的威廉皇帝物理研究所所长和柏林大学教授。

在此期间，爱因斯坦在考虑将已经建立的相对论推广，但是还有两个原则性问题使他不安。第一个是引力问题，狭义相对论对于力学、热力学和电动力学的物理规律是正确的，但是它不能解释引力问题。牛顿的引力理论是超距的，两个物体之间的引力作用在瞬间传递，即以无穷大的速度传递，这与相对论依据的场的观点和极限的光速冲突。第二个是非惯性系问题，狭义相对论与以前的物理学规律一样，都只适用于惯性系。但事实上却很难找到真正的惯性系。从逻辑上说，一切自然规律不应该局限于惯性系，必须考虑非惯性系。狭义相对论很难解释所谓的双生子佯谬。

在1911年4月波隆哲学大会上，法国物理学家P. 朗之万用双生子实验来质疑狭义相对论的时间膨胀效应，是为了说明狭义相对论在逻辑自恰性上还存在不完善的地方。

双生子佯谬是一个有关狭义相对论的思想实验。有一对孪生兄弟，哥哥在宇宙飞船上以接近光速的速度做宇宙航行，根据相对论效应，高速运动的时钟变慢，等哥哥回来，弟弟已经变得很老了，因为地球上已经经历了几十年。而按照相对性原理，飞船相对于地球高速运动，地球相对于飞船也高速运动，弟弟看哥哥变年轻

↓爱因斯坦预言，遥远的星光如果掠过太阳表面将会发生1.7秒的偏转科学家们通过对日全食的认真研究证实了爱因斯坦预言的正确性

了，哥哥看弟弟也应该年轻了。这个问题简直没法回答。实际上，狭义相对论只处理匀速直线运动，而哥哥要回来必须经过一个变速运动过程，这是相对论无法处理的。正在人们忙于理解狭义相对论时，爱因斯坦正在完成广义相对论。

爱因斯坦只用了几个星期就建立起了狭义相对论，然而为解决这两个困难，建立起广义相对论却用了整整十年时间。为解决第一个问题，爱因斯坦干脆取消了惯性系在理论中的特殊地位，把相对性原理推广到非惯性系。因此第一个问题转化为非惯性系的时空结构问题。在非惯性系中遇到的第一只拦路虎就是惯性力。在深入研究了惯性力后，爱因斯坦提出了著名的等效原理。

1907年，爱因斯坦撰写了关于狭义相对论的长篇文章《关于相对性原理和由此得出的结论》。在这篇文章中爱因斯坦第一次提到了等效原理，此后，爱因斯坦关于等效原理的思想又不断发展。他以惯性质量和引力质量成正比的自然规律作为等效原理的根据，提出在无限小的体积中均匀的引力场完全可以代替加速运动的参照系。爱因斯坦并且提出了封闭箱的说法：在一封闭箱中的观察者，不管用什么方法也无法确定他究竟是静止于一个引力场中，还是处在没有引力场却在做加速运动的空间中，这是解释等效原理最常用的说法，而惯性质量与引力质量相等是等效原理一个自然的推论。

由于等效原理能够使我们在加速运动现象中找到狭义相对论的“惯性系”，因此，这个原理的存在，使狭义相对论的定律能够被推广到非惯性运动中，使狭义相对论与广义相对论联系起来。

通过等效原理，我们可以推导出：越大的加速度，就会使有质量的物体受到越大的重力（引力），那么达不到光速就是因为我们在那之前会受到无穷大的阻力，也同样可以推导

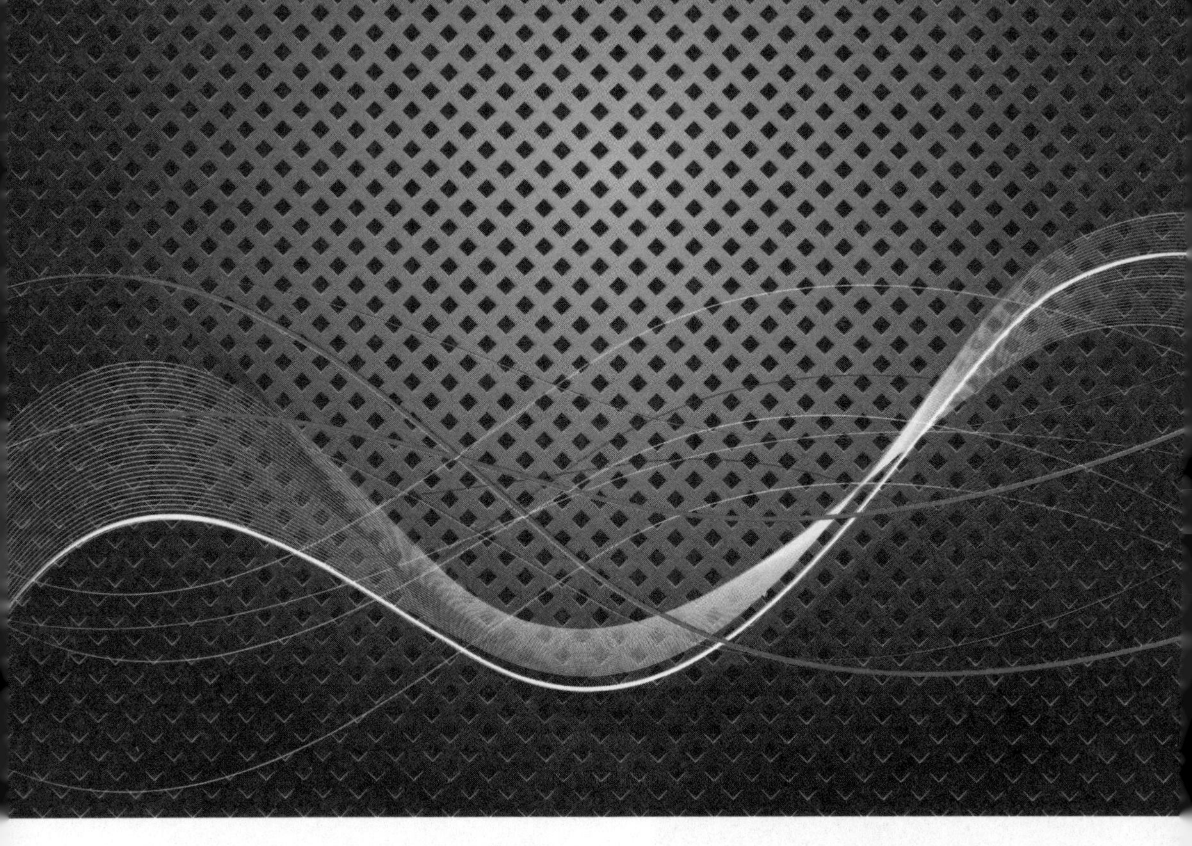

↑爱因斯坦利用广义相对论推断出了后来被验证了的光线弯曲现象图为光线弯曲模拟图

出，接近光速的超快速度会使时间变慢，在大引力场中就同样会使时间变慢，以至于在黑洞中时间停止。

1915年11月，爱因斯坦先后向普鲁士科学院提交了四篇论文，在这四篇论文中，他提出了新的观点，证明了水星近日点的进动，并给出了正确的引力场方程。至此，广义相对论的基本问题都解决了，广义相对论诞生了。

1916年，爱因斯坦完成了长篇论文《广义相对论的基础》，在这篇文章中，爱因斯坦首先将以前适用于惯性系的相对论称为狭义相对论，将只对于惯性系物理规律同样成立的原理称为狭义相对性原理，并进一步表述了广义相对性原理：物理学的定律必须对于无论哪种方式运动着的参照系都成立。

等效原理和协变性原理直接导致了广义相对论的出现，广义相对论已在很多实验和观测上取得成功。

爱因斯坦的广义相对论认为，由于有物质的存在，空间和时间会发生弯曲，而引力场实际上是一个弯曲的时空。爱因斯坦用太阳引力使空间弯曲的理论，很好地解释了水星近日点进动中一直无法解释的43秒。并且运用广义相对论原理，爱因斯坦还预言了引力红移（20世纪20年代，天文学家在天文观测中证实了这一点）；广义相对论还预言了引力场使光线偏转。最靠近地球的大引力场是太阳引力场，爱因斯坦预言，遥远的星光如果掠过太阳表面将会发生1.7秒的偏转。1919年，在英国天文学家爱丁顿的鼓动下，英国派出了两支远征队分赴两地观察日全食，经过认真的研究得出最后的结论是：星光在太阳附近的确发生了1.7秒的偏转。英国皇家学会和皇家天文学会正式宣读了观测报告，确认广义相对论的结论是正确的。会上，著名物理学家、皇家学会会长汤姆孙说："这是自从牛顿时代以来所取得的关于万有引力理论的最重大的成果……爱因斯坦的相对论是人类思想最伟大的成果之一。"

广义相对论让所有物理学家大吃一惊，引力远比想象中的复杂得多。至今为止爱因斯坦的场方程也只得到了为数不多的几个确定解。它那优美的数学形式至今令物理学家们叹为观止。当然，广义相对论并非最终的真理（就像牛顿力学一样），但是广义相对论仍被科学界认为是至今少有的完美的成功的理论。

爱因斯坦成了新闻人物，在之后的几十年中，他一直被视为人们心中智慧的象征。他在1916年写了一本通俗介绍相对论的书《狭义与广义相对论浅说》，到1922年已经再版了40次，还被译成了十几种文字，广为流传。时至今日，任何关于爱因斯坦的的相对论的新发现，甚至对他大脑的研究，都足以掀起一阵科学旋风。

相对论于天文学的影响

广义相对论对天体物理学特别是理论天体物理学有很大的影响。爱因斯坦的狭义相对论成功地揭示了能量与质量之间的关系，坚守着"上帝不会掷骰子"（"上帝不会掷骰子"是爱因斯坦的一句名言，也是他的一个观点的浓缩。）的量子论诠释（微粒子振动与平动的矢量和）的决定论阵地，解决了长期存在的恒星能源来源的难题。近年来发现越来越多的高能物理现象，狭义相对论已成为解释这种现象的一种最基本的理论工具。

爱因斯坦利用广义相对论解决了牛顿引力理论无法解释水星近日点的进动问题，并推断出后来被验证了的光线弯曲现象，还成为后来许多天文概念的理论基础。

广义相对论的天文学验证

广义相对论是关于引力相互作用的理论。在天文现象中，引力作用往往占主导地位。有关广义相对论的一系列的关键性检验，都是由天文观测来完成的。爱因斯坦建立广义相对论后，提出了可从三方面来观测检验广义相对论的结论：弱引力场中的效应、宇宙学效应、引力波效应。其中，利用太阳引力场观测弱引力场效应的工作，做得最为精细。主要有以下几个方面：

引力红移

广义相对论预言，从太阳表面发

出的谱线与地球上同样原子的谱线相比，波长较长（红移），移动量等于速度为每秒 0.6千米的多普勒效应移动量。20世纪60年代初的检验结果是，观测值为（1.05 ± 0.05）× 理论值。

光线偏转

广义相对论认为，可见光或其他波段的电磁波穿过引力场时，会沿着弯曲空间中的测地线前进。因此，当一束光线经过大质量物体周围附近后，光线将偏向物体，这种现象称为光线偏转。

不过因为这种偏转很小，在地球上不太容易观察到。爱因斯坦在1911年指出，如果利用日全食的特殊机会，测量日全食时看起来位于太阳附近星球的位置，再与平时这些星体的位置相比较，应能观察到这种偏转。后来，他又计算出光线经由太阳附近时的偏转角为1.7秒。后来的科学观测，证明爱因斯坦是对的。到20世纪60年代以后发展起来的射电天文学，使人们可以利用射电天文望远镜进行测量，而且分辨率有较大提高。1975年观测到无线电波经由太阳表面附近的偏转角与广义相对论预言值的不确定度已小于百分之一。

水星近日点反常进动

在广义相对论建立之前，就知道水星近日点具有牛顿理论所不能解释的反常进动，每百年43″。爱因斯坦利用广义相对论计算结果为每百年43.03″，二者几乎相等。

水星是距太阳最近的一颗行星，按牛顿的理论，它的运行轨道应当是一个封闭的椭圆。实际上水星的轨道，每转一圈它的长轴也略有转动。长轴的转动，称为进动。经过观察得到水星进动的速率为每百年1°33′20″，而天体力学家根据牛顿引力理论计算，水星进动的速率为每百年1°32′37″。两者之差为每百年43″，这已在观测精度不容许忽视的范围了。

如何解释这偏差的43″呢？爱因斯坦的广义相对论出现之后，人们根据引力场方程计算得到的水星轨道近日

↓广义相对论认为在天文现象中，引力作用往往占主导地位

点进动的理论值与观测值相当符合。此外，后来观测到的地球、金星等行星近日点的进动值也与广义相对论的计算值吻合得相当好。

原来问题的关键在于：

在牛顿力学里，行星自转是不参与引力相互作用的。在牛顿的万有引力公式中只有物体的质量因子，而没有自转量，即太阳对行星的引力大小只与太阳和行星的质量有关，而与它们的自转快慢无关。

但是，在广义相对论里，引力不仅与物体的质量因子有关，而且也与物体的自转快慢有关。两个没有自转的物体之间的引力与它们自转起来之后的引力是不同的。这一效应会引起自转轴的进动，行星在运动过程中，它的自转轴会慢慢变化。对于太阳系的行星来说，这个效应太小了，所以不易被察觉。

雷达回波的延迟

广义相对论预言，当从地球向地内行星发射雷达信号，并接收其回波时，如果雷达波在太阳附近通过，则回波的时间要比不在太阳附近通过有所延迟。这是1964年由麻省理工学院的I.I.夏皮罗提出的一项新的对广义相对论的检验。利用雷达发射一束电磁波脉冲，经其他行星反射回地球被接收。当来回的路径远离太阳，太阳的影响可忽略不计；当来回路径经过太阳近旁，太阳引力场造成传播时间加长，此称为雷达回波延迟。这一观测也可以以人造天体作为雷达信号的反射靶进行实验。此项实验中，对水星、金星的观测结果是理论值的1.015倍；对行星探测器“水手”6、7号的观测结果，也与理论值相符。

宇宙膨胀预言

在宇宙学方面最主要的检验是关于宇宙膨胀的预言。

从1922年开始，关于宇宙是否膨胀的研究者们就发现根据广义相对论的场方程式所得出的解答会是一个膨胀中的宇宙。1929年，哈勃发现星系的谱线红移与距离成正比，这是对宇宙膨胀学说的一个支持。同时也验证了根据广义相对论所得出的解答，说明宇宙是处在膨胀状态中的。

专题讲述

宇宙学常数

宇宙学常数是爱因斯坦为了解释物质密度不为零的静态宇宙的存在，他在引力场方程中引进一个与度规张量成比例的项，用符号Λ表示。该比例常数很小，在银河系尺度范围可忽略不计。只在宇宙尺度下，Λ才可能有意义，所以叫作宇宙常数，即所谓的反引力的固定数值。

1917年，爱因斯坦试图根据广义相对论方程推导出整个宇宙的模型，但他发现，在这样一个只有引力作用的模型中，宇宙不是膨胀就是收缩。为了使这个宇宙模型保持静止，爱因斯坦在他的方程里额外增加了一个新的概念——宇宙常数，它表示的是一种斥力，同引力相反，它随着天体之间距离的增大而增强。这是一个假想的、用以抵消引力作用的力。

然而，爱因斯坦很快发现自己错了。因为科学家们很快发现，宇宙实际上是膨胀的！宇宙膨胀被天文学家哈勃观测发现，当哈勃得意扬扬地将膨胀宇宙的天文观测结果展示给爱因斯坦看时，爱因斯坦惭愧极了，他说："这是我一生所犯下的最大错误。"

哈勃等认为，反引力是不存在的，由于星系间的引力，促使膨胀速度越来越慢（后来的天文观测证实，宇宙正在加速膨胀）。那么，爱因

↓星云

斯坦就完全错了吗？不。星系间有一种扭旋的力，促使宇宙不断膨胀，这就是暗能量。最新研究表明，按质量成分（只算实质量，不算虚物质）计算，暗物质和暗能量约占宇宙96%。看来，宇宙将不断加速膨胀，直至解体死亡（目前也有其他说法，争议不休）。宇宙常数虽存在，但反引力的值远超过引力。也难怪倔强的爱因斯坦与波尔在量子力学中争论时说：“上帝是不掷骰子的！”（不要指挥上帝如何决定宇宙的命运）。天文学家林德曾说：“现在，我终于明白，为什么他（爱因斯坦）这么喜欢这个理论，多年后依然研究宇宙常数，宇宙常数依然是当今物理学最大的疑问之一。”

现在看来，爱因斯坦加上宇宙学常数的这一招真是聪明绝顶，虽然他当年的理由是错的。

↓从地球看，广阔的苍穹是那样平静，爱因斯坦在推导宇宙模型的时候曾认为宇宙模型应保持静止，直到哈勃发现宇宙在膨胀，爱因斯坦才意识到自己错了但随着天文发现的不断进展，并不能断定宇宙学常数是个错误

在夜晚，没有了白天的喧闹，偶尔一两声的犬吠也无法挑动黑夜的寂静，看似一切都归于平静。而对于宇宙来讲没有白天和黑夜，宇宙中的各个星系、各大星体都在时刻不停地运动着，而地球也在不停地接受着来自宇宙的各种电波。

科学探索丛书

第三章

来自宇宙的信息

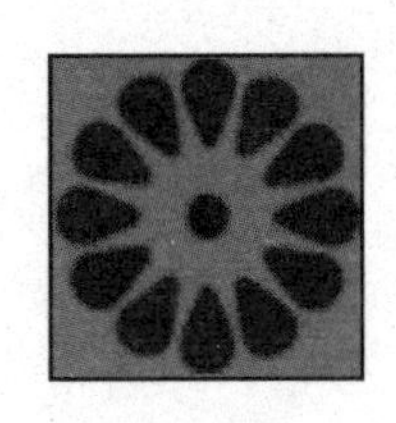

银河发出射线

引言：

在现代物理学发展史中，宇宙射线的研究占有重要的地位，许多新的粒子都是首先在宇宙射线中发现的。随着对宇宙射线研究的深入，人类越来越认识到宇宙射线和粒子物理、天体物理密不可分，它无偿地为地球带来了日地空间环境的宝贵信息，宇宙射线已经成为探索宇宙起源、发展历史、天体演化、空间环境等科学之谜的极为重要的途径。

太阳系的“家长”银河系

银河系简介

在晴朗的夜晚，仰望星空，就会看见如银带一般盘旋在天空的银河，银河系也因为这条美丽丝带而得名。银河系是太阳系所在的恒星系统，包括1200亿颗恒星和大量的星团、星云，还有各种类型的星际气体和星际尘埃。

银河系是构成宇宙的亿万个星系中的一个，从侧面看像一个中心略鼓的大圆盘。整个圆盘的直径约为10万光年，中心厚度约为1.2万光年，总质量是太阳质量的1400亿倍。

银河系是一个旋涡星系，具有旋

↓银河系中包含有大量的星团、星云

↑银河系也只是宇宙中亿万个星系中的一个，宇宙之大可见一斑

涡结构，即有一个银心和两个旋臂，旋臂相距4500光年。太阳位于银河一个支臂猎户座上，与银河中心的距离大约是2.6万光年。

20世纪20年代，人们发现银河系在进行自转，而太阳系则围绕银心进行旋转。太阳绕银心运转一周约2.5亿年。

星系全景

银河在一年四季的夜空均可看到，但是它最明亮壮观的时刻是夏秋之交时。在北半球，夏季星空的重要标志就是从北偏东地平线向南方地平线延伸的光带——银河。望着夏季的银河，人们最关注的就是明亮的牛郎星、织女星，孩子们也总会从父母那里听到关于牛郎、织女的神话故事。

牛郎和织女的故事是我国四大民间爱情传说之一。

传说天上有个织女星，还有一个牵牛星。织女和牵牛情投意合，心心相印。可是，天条律令是不允许男欢女爱、私自相恋的。织女是王母的孙女，王母便将牵牛贬下凡尘了，令织女不停地织云锦以作惩罚。但自从牵牛被贬之后，织女常常以泪洗面，愁眉不展地思念牵牛。一日，织女和其

↑在牛郎、织女的故事中总少不了喜鹊这一吉祥之鸟

他仙女在人间游玩之时，遇到了被贬后落生在一农家的牵牛，他的新名叫牛郎。于是，两个人依靠着和牛郎相依为命的老牛，开始了农耕女织的美好生活，不久，他们生下了一儿一女，一家人非常幸福。

王母娘娘知道这件事后，勃然大怒，马上派遣天神仙女捉织女回天庭问罪。牛郎披着金牛星转世的老牛的牛皮，用箩筐挑着一对儿女追了上去。可王母娘娘为了阻止织女和牛郎相逢就拔下她头上的金簪，往他们中间一划，霎时间，一条天河波涛滚滚地横在了织女和牛郎之间，无法横越了。此后，他们只能每年的七月初七借助喜鹊们在银河上空搭就的鹊桥相会一次。在夏夜的星空，仔细观察，和牛郎星在一起的还有两颗小星星，那便是牛郎织女的两个孩子。

凄美的爱情故事，让银河显得更加神秘，更令人向往。

其实，银河系在牛郎、织女星之外还有很多星座，主要星座有天鹅座、天鹰座、狐狸座、天箭座、蛇夫座、盾牌座、人马座、天蝎座、天坛座、矩尺座、豺狼座、南三角座、圆规座、苍蝇座、南十字座、船帆座、船尾座、麒麟座、猎户座、金牛座、双子座、御夫座、英仙座、仙后座和蝎虎座。2009年12月5日，美国发表了绘制的最新红外银河系全景图，该图像是由80万张斯皮策太空望远镜拍摄的图片拼凑而成，全长37米，是人们了解、观赏银河的宝贵资料。

来自银河的电波

发现宇宙射线

银河宇宙射线指来自太阳系以外的银河系的高能粒子，极大部分是质子（约占87%）、α-粒子（约占12%），通过核反应按月球物质所阻止，并产生次级的高能粒子（100MeV以上）和次级中子（100MeV以下），进一步引起高能核反应和低能核反应。这些核反应引起靶元素散裂，产生各种稀有气体核和放射性核类。

千百万年来，极高能宇宙射线不停地从宇宙深处“光顾”地球，在穿过地球大气层时与大气中的氧、氮等原子核发生碰撞，并产生出超高能次级粒子，这些次级粒子有足够的能量再次撞击，形成更加微小的下一代粒子，如此继续下去，形成了庞大的粒子流降落地球之上。

宇宙射线的迹象在最初用游离室观测放射性时就被人们注意到了，起初人们曾认为验电器的残余漏电是由于空气或尘土中含有放射性物质造成的。

↓看似平静的夜空，却时刻有宇宙射线“穿梭”其中

相关链接

银河系有两个伴星系：大麦哲伦星系和小麦哲伦星系（小麦哲伦星云）。与银河系相对地称之为河外星系。

银河、仙女座星系和三角座星系是本星系群（本星系群是包括地球所处之银河系在内的一群星系。这组星系群包含大约超过50个星系，其重心位于银河系和仙女座星系中的某处）主要的星系，这个群总共约有50个星系，而本星系群又是室女座超星系团的一分子。

银河被一些本星系群中的矮星系环绕着，其中最大的是直径达21,000光年的大麦哲伦星系，最小的是船底座矮星系、天龙座矮星系和狮子Ⅱ矮星系，直径都只有500光年。其他环绕着银河系的还有小麦哲伦星系，最靠近的是大犬座矮星系。

1903年，英国物理学家、化学家卢瑟福和他的同伴库克发现，如果小心地把所有放射源移走，在验电器中每立方厘米内，每秒钟还会有大约十对离子不断产生。他们用铁和铅把验电器完全屏蔽起来，离子的产生几乎可减少十分之三。他们在论文中提出设想，也许有某种贯穿力极强，类似于γ射线的辐射从外面射进验电器，从而激发出二次放射性。后来一些物理学家先后采用这种方法进行了试验。人们发现，这种源的放射性与当时人们比较熟悉的放射性相比具有更大的穿透本领，因此人们提出这种放射性可能来自地球之外——这就是宇宙射线最初的迹象。

1910年法国的沃尔夫在巴黎300米高的埃菲尔塔顶上进行实验，比较塔顶和地面两种情况下残余电离的强度，得到的结果是塔顶约为地面的64%，比他预计的10%要高。他认为可能在大气上层有γ源，也可能是γ射线的吸收比预期的小。1910~1911年，哥克尔在瑞士的苏黎世让气球

↓地球是宇宙中的一员，它无时无刻不在接收着来自宇宙的各种射线

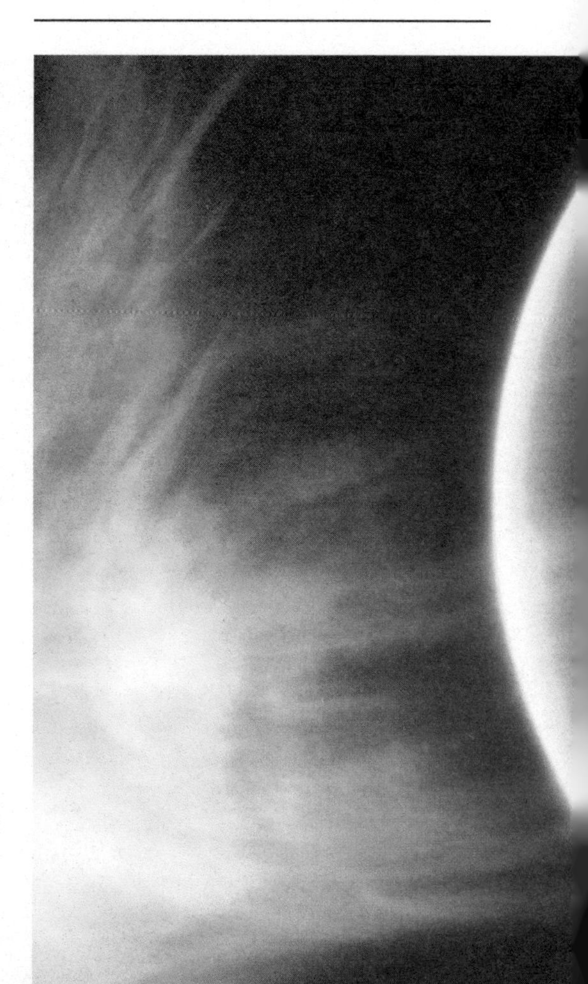

把电离室带到4500 米高处，记录下几个不同高度的放电速率。他的结论是："辐射随高度的增加而降低的现象……比以前观测到的还要显著。"之后在宇宙射线研究中比较著名的就是奥地利物理学家赫斯。

赫斯是一位气球飞行的业余爱好者，他设计了一套装置，将密闭的电离室吊在气球下，电离室的壁厚足以抗一个大气压的压差。他乘坐气球，将高压电离室带到高空，静电计的指示经过温度补偿直接进行记录。他一共制作了十只侦察气球，每只都装载有2~3台能同时工作的电离室。1911年，第一只气球升至1070米高，测得的辐射与海平面差不多。第二年，他乘坐的气球升空达5350米。他发现800米以上时，随着气球的上升，电离持续增加。在1400~2500米之间显然超过海平面的值。在海拔5000米的高空，辐射强度竟为地面的9倍。虽然别人也观测到过这种现象，但赫斯是第一个正式得出结论的人。由于白天和夜间测量结果相同，因此赫斯断定这种射线不是来源于太阳的照射，而是宇宙空间。

赫斯认为应该提出一种新的假说："这种迄今为止尚不为人知的东西主要在高空发现……它可能是来自太空的穿透辐射。"1912年赫斯在《物理学杂志》发表题为《在7个自由气球飞行中的贯穿辐射》的论文。

1914年，德国物理学家柯尔霍斯特将气球升至9300米，游离电流竟比海平面大了50倍，确证了赫斯的判断。

赫斯的发现引起了人们的极大兴趣。从那时开始，科学界对宇宙射线的各种效应和起源问题进行了广泛的研究。人们将这种辐射称为"赫斯辐射"，后来被正式命名为"宇宙射线"。

宇宙射线的源头

1922年，美国科学家密立根和玻恩继续进行试验，企图解决这种辐射的来源。他们先是在高山顶上测量，后来又把装有验电器和电离器的不载人的气球升到高空来测量大气的电离作用。

知识外延

某些物质的原子核能发生衰变，放出我们肉眼看不见也感觉不到，只能用专门的仪器才能探测到的射线，物质的这种性质叫放射性。放射性物质是那些能自然地向外辐射能量、发出射线的物质。一般都是原子质量很高的金属，像钚、铀等。放射性物质放出的射线有三种，它们分别是α射线、β射线和γ射线。

在大剂量的照射下，放射性对人体和动物存在着某种损害作用。如在400rad（rad，辐射吸收剂量的专用单位）的照射下，受照射的人有5%死亡；若照射650rad，则人100%死亡。在150rad以下，虽然死亡率为零，但对人体的损害很大，能损伤人体的遗传物质，主要是引起基因突变和染色体畸变。

1925年夏，密立根和助手们在加利福尼亚州群山中的缪尔湖和慈菇湖的深处做实验，试图通过测量电离度与湖深的变化关系来确定宇宙射线的来源。之所以选择这两个湖，是因为它们都是由雪水作为水源，可以避免放射性污染；而且，这两个湖相距较远，高度相差约2米，这样可以避免相互干扰也便于比较。在1925年的一次会议中，密立根报告了测量结果。他的结果表明，这些射线不是起源于地球或低层大气，而是从宇宙射来的。宇宙射线的源头在哪里，密立根并没有给出答案。

1930年，卡尔·杰斯克在研究过程中发现了一个奇怪的现象，他接收到了来自太空的无线电波，经过不断地观察研究，他发现了射线的源头，为银河系人马座A中某处，他相信自己发现了中心星系。事实上，卡尔·杰斯是正确的。

近代科学家的证实

宇宙射线的研究已逐渐成为了天体物理学研究的一个重要领域，许多科学家都试图解开宇宙射线的源头。

人马座A是人们研究宇宙射线源头的焦点。人马座A星系距离地球1200万光年，它是迄今探测到的首个具有宇宙射电来源的星系。法国太空放射线研究中心的朱尔根·克诺德尔塞迪（Jurgen Knodlseder）说：“射电星系应当是存在着巨大的双瓣射电气体喷射结构围绕在椭圆星系，而人马座A星系就是一个典型的教科书实例！”天文学家将人马座A星系分类为“活跃星系”，这一名称应用于任何星系中心位置喷射出不同波长范围的强喷射物质。而地球接受到的无线电波源则位于人马座A*。

人马座A*是位于银河系银心一个非常光亮及致密的无线电波源，大约每11分钟旋转一圈，属于人马座A的一部分。在这场聚焦中，银河系中心的神秘天体人马座A*，从距离地球2.6万光年的九天之外落入凡间公众的视野。人们怀疑它就是一个可以放射宇

宙射线的黑洞。

据美国《科学日报》报道，如果人们能够看到射电波（射电波实际是无线电波的一部分。地球大气层吸收了来自宇宙的大部分电磁波，只有可见光和部分无线电波可以穿透大气层。天文学把这部分无线电波称为射电波），人马座A星系将是天空中最大、最明亮的星体，其亮度是满月的20倍。日前，美国宇航局费尔米伽马射线太空望远镜最新观测结果显示，人马座A星系依偎在一对巨大射电瓣状气体烟雾区中，每个羽状烟雾区长度近100万光年，这些气体是由星系中超大质量黑洞所喷射的。

黑洞释放的这些磁性物质流以接近光速飞行，经过数千万年的形成过程，磁场和能量粒子逐渐填充形成两个瓣状喷射流结构。当光速电子螺旋式穿过瓣状结构的复杂磁场时，就逐渐形成射电波，进入地球。

宇宙射线的来源

人们找到了宇宙射线的源头，但并没有完全了解宇宙射线是由什么地方、如何产生的。目前关于宇宙射线的来源，一般认为，宇宙射线的产生可能与超新星爆发有关。

超新星爆发就是一颗大质量恒星的“暴死”，超新星就是处在“弥留”状态的恒星。对于大质量的恒星，如质量大于8倍太阳质量的恒星，由于质量巨大，在它们演化到后期时，当核心区硅聚变产物铁-56积攒到一定程度时，往往会发生大规模的爆炸。这种爆炸就是超新星爆发。

超新星爆发是银河系内最猛烈的高能现象。银河系超新星爆发的平均能量输出可以满足维持银河宇宙线能量密度的需要。蟹状星云等超新星遗迹强烈发射高度偏振的非热射电辐射，它们应当是高能电子在磁场中的同步辐射。科学研究发现，在超新星遗迹中存在着大量的高能电子，这些电子可能就是宇宙射线的发源地。人们普遍设想超新星爆发及其遗迹也应当发射高能原子核，成为宇宙射线的主要来源。宇宙射线中氢和氦核的相对丰度较太阳系或银河系平均丰度小，表明宇宙线原子核可能来自恒星演化过程的晚期。宇宙射线中重元素较多，它们可能是超新星爆发条件下快速中子俘获过程（γ过程）的产物。宇宙射线中一些元素的丰中子同位素较多，也表明宇宙射线可能起源于超新星爆发形成的丰中子环境中。但是，迄今并无直接的证据说明超新星及其遗迹发射高能原子核。

尽管宇宙射线的起源至今未能确定，但人们已普遍认识到对宇宙射线的研究能获得宇宙绝大部分奇特环境中有关过程的大量信息：射电星系、类星体以及围绕中子星和黑洞由流入物质形成的沸腾转动的吸积盘的知识。关于宇宙射线的研究，科学家们继续投入着极大的热情。

↓倘若能捕捉宇宙中的爆炸现象，会发现宇宙也是色彩斑斓的

宇宙微波背景辐射

引言：

微波背景辐射是宇宙中“最古老的光”，是大爆炸的遗迹，穿越了漫长的时间与空间后成为了微波，充盈在整个宇宙空间里。在宇宙中，微波背景辐射是均匀的，来自各个方向都一样，因此好比宇宙的“背景”，又被称为宇宙背景辐射。

何为微波背景辐射

概述

（1）宇宙起源的大爆炸学说

世间万物皆有生死，那么宇宙是否能够永恒？它是如何起源的？千百年来人们一直在苦苦思索。随着天文学研究的深入，到20世纪关于世界的起源有两种“宇宙模型”比较有影响，一是静态理论，一是大爆炸理论。静态理论认为宇宙永恒，大爆炸理论则认为宇宙起源于一个单独的无维度的点，即一个在空间和时间上都无尺度但却包含了宇宙全部物质的奇点。至少是在120~150亿年以前，宇宙及空间本身由这个点爆炸形成。相对

↓按照大爆炸理论，宇宙是在激烈的大爆炸中将物质散向四面八方那一刻，物质和能量也因此产生了

而言，人们对大爆炸理论更为信服。

“大爆炸宇宙论”是1927年由比利时数学家勒梅特提出的。他认为最初宇宙的物质集中在一个超原子的“宇宙蛋”里，在一次无与伦比的大爆炸中分裂成无数碎片，形成了今天的宇宙。1948年，俄裔美籍物理学家伽莫夫等人，又详细勾画出宇宙诞生的过程。

在原始混沌状态下形成了一块具有超密度的物质，这种物质存在于“宇宙原点”的极小空间里，经过酝酿，在一种力的作用下，空间内产生了激烈的大爆炸，所有炸开的物质便向四面八方飞散开去。在混沌的世界中，一个体积无限小的点爆炸了，在这一刻，物质和能量也由此产生了，宇宙由此诞生。初生的宇宙是炽热的，其后温度迅速下降。最初的1秒钟过后，宇宙温度降到约摄氏100亿度，极高的温度还发生了核反应，于是各种元素产生了。之后由于粒子在空间相互吸引、融合，形成了越来越大的团块，并逐渐演化成各种星系、恒星和行星。“大爆炸理论”与1916年爱因斯坦的广义相对论完全相符。伽莫夫等人还预言，应能观测到宇宙空间目前残存着温度很低的背景辐射。

对于宇宙大爆炸理论人们还是存在一定的疑问：不考虑当初宇宙压缩的无限小的体积，仅从能量与质量的正比关系考虑，一个小点无缘无故地突然爆炸成浩瀚宇宙的能量从何而来呢？正当人们在为此争论之时，宇宙微波背景辐射的发现给了宇宙大爆炸学说一个有力的支持，此后大爆炸宇宙模型才逐渐被人们信服。

(2) 什么是宇宙微波背景辐射

宇宙微波背景辐射（又称3K背景辐射，“K”是开氏温标或者叫热力学温标中的温度单位“开尔文”的符号，就像我们用“℃”来表示摄氏温标中的温度一样。0 摄氏度（0℃）相当于273.15K，3K 相当于-270℃以下。）是一种充满整个宇宙的电磁辐射。特征和绝对温标2.725K的黑体辐

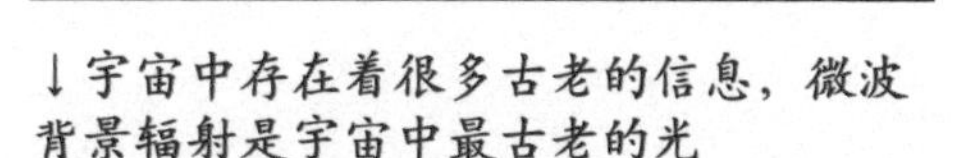

↓宇宙中存在着很多古老的信息，微波背景辐射是宇宙中最古老的光

知识外延

任何物体都具有不断辐射、吸收、发射电磁波的本领。辐射出去的电磁波在各个波段是不同的，也就是具有一定的谱分布。这种谱分布与物体本身的特性及其温度有关，因而被称之为热辐射。为了研究不依赖于物质具体物性的热辐射规律，物理学家们定义了一种理想物体——黑体，以此作为热辐射研究的标准物体。对于这种黑体而言，入射的电磁波全部被吸收，既没有反射，也没有透射（当然黑体仍然要向外辐射）。

按照基尔霍夫辐射定律（指在热平衡状态的物体所辐射的能量与吸收率之比与物体本身物性无关，只与波长和温度有关），在一定温度下，黑体必然是辐射本领最大的物体，可叫作完全辐射体。

射相同。频率属于微波范围。宇宙微波背景辐射产生于大爆炸后的30万年。大爆炸宇宙学说认为，发生大爆炸时宇宙的温度是极高的，之后慢慢降温，宇宙微波背景辐射发现之后，测定背景辐射的残留温度在3K左右。

宇宙学主要的观测证据即为宇宙背景辐射，具体说宇宙微波背景辐射为人类观测宇宙提供了背景光。假设观众为地球，荧幕假设为最后散射面，若观众与荧幕之间有一只苍蝇飞过，观众可以发现苍蝇的存在，因为荧幕的光可以把苍蝇照出来，但若荧幕与房间皆为黑暗，则苍蝇不会被发现，所以宇宙微波背景辐射可以说是提供了一个背景光，使140亿年来发生的事件皆可藉由这些背景光照射出来。

散布于宇宙空间的微波辐射，显示了自大爆炸之后，宇宙在不断冷却的事实。

特征

微波背景辐射的最重要特征是具有黑体辐射谱，在0.3~75厘米波段，可以在地面上直接测到；在大于100厘米的射电波段，银河系本身的超高频辐射掩盖了来自河外空间的辐射，因而不能直接测到；在小于0.3厘米波段，由于地球大气辐射的干扰，要依靠气球、火箭或卫星等空间探测手段才能测到。从0.054厘米直到数十厘米波段内的测量表明，背景辐射是温度近于2.7K的黑体辐射，习惯称为3K背景辐射。

黑体谱现象表明，微波背景辐射是极大的时空范围内的事件。只有通过辐射与物质之间的相互作用，才能形成黑体谱。由于现今宇宙空间的物质密度极低，辐射与物质的相互作用极小，所以，我们今天观测到的黑体谱必定起源于很久以前。因此微波背景辐射应具有比遥远星系和射电源所能提供的更为古老的信息，人们藉此可以了解到亿万年前的宇宙。

微波背景辐射的另一特征是具

↓微波背景辐射能给人类提供更为古老的宇宙信息

有极高度的各向同性（指物体的物理、化学等方面的性质不会因方向的不同而有所变化的特性）。首先是小尺度上的各向同性。在小到几十弧分的范围内，辐射强度的起伏小于0.2%～0.3%；其次是大尺度上的各向同性。沿天球各个不同方向，辐射强度的涨落小于0.3%。各向同性说明，在各个不同方向上，在各个相距非常遥远的天区之间，应当存在过相互的联系。

↓先进的卫星接收器现今已经成为人类接收太空信号的重要工具

不期而遇的发现

阿尔弗和赫尔曼的预言

1948年，美国科学家阿尔弗和赫尔曼预言了宇宙大爆炸产生的残余辐射，由于宇宙的膨胀和冷却，当前所具有温度约5K左右。他们认为宇宙曾经必定是高温、高密的，否则核反应的速率达不到所需的要求。为了证实这一点，他们假设在宇宙的最初几秒内，每个质子或者中子都会受到十亿

个光子的撞击。这些光子会一直保留到今天，但是由于宇宙的膨胀，它们的波长都已经被“拉伸”到了微波波段。这些微波背景辐射的温度也比之前降低了很多。

阿尔弗和赫尔曼的预言并未引起人们的普遍重视。

无线电工程师的意外发现

1965年，美国贝尔电话实验室的彭齐亚斯和威尔逊无意中发现了大爆炸理论预言的宇宙微波背景辐射。

1964～1965年，彭齐亚斯与威尔逊使用6米号角式天线在波长7.35厘米的微波波段测量围绕银河系的银晕气体的射电强度。为提高测量精度，他们制造了一个液氦致冷参考源，威尔逊则改进了一套比较天线温度的开关装置。在利用改进后的大型通信天线进行研究的过程中，意外地发现天空各个方向上不断受到一个连续不断噪声的干扰，使得实验无法进行下去。他们以为噪声是大型通信天线设备上的鸽子窝造成的，于是他们经过几天时间，将设备上的鸽子窝和鸽子粪进行了彻底清扫，但是噪音仍然存在，基本上没有什么变化。

几乎一年，他们想尽办法跟踪和除去这些噪声但丝毫不起作用，便打电话给普林斯顿大学的罗伯特·迪克，向他描述遇到的问题，希望他能做出一种解释。迪克马上意识到两位年轻人想要除去的东西正是迪克研究组正在设法寻找的东西——宇宙大爆炸残留下来的某种宇宙背景辐射。它相当于在电磁波谱的微波部分波长为7.35厘米的某种无线电波信号；如果假设它是热辐射，那么它所具有的能量就相应于2.7K的温度——这与阿尔弗和赫尔曼富于灵感的估计非常接近。这一发现在当时造成了很大的轰动，彭齐亚斯与威尔逊也凭借此发现获得了1978年诺贝尔物理学奖，受到了天文学界的推崇。

对于近代天文学来说，宇宙微波背景辐射的发现具有非常重要的意义，为宇宙大爆炸理论提供了一个有力的证据，并且与类星体、脉冲星、星际有机分子一道，并称为20世纪60年代天文学的四大发现。

相关链接

脉冲星又称波霎，是中子星的一种，为周期性发射脉冲信号的星体。脉冲星是在1967年首次被发现的。当时，还是一名女研究生的贝尔，发现狐狸星座有一颗星发出一种周期性的电波。经过仔细分析，科学家认为这是一种未知的天体。因为这种星体不断地发出电磁脉冲信号，人们就把它命名为脉冲星。

绝大多数的脉冲星可以在射电波段被观测到。少数的脉冲星也能在可见光、X射线甚至γ射线波段内被观测到，例如著名的蟹状脉冲星就可以在射电到γ射线的各个波段内被观测到。

↓随着航天技术的不断发展，人类可将卫星放置太空，收集的宇宙信息也更为丰富

最新进展

1965年，宇宙微波背景辐射被发现之后，人类就开始了对它的更为精确的研究。在1974年，美国国家航空航天局公告了一个让天文学家参与的中小型探险家计划。由外界获得的121个提案，其中有三个是研究宇宙微波背景辐射的。1976年，美国国家航空航天局集合1974年这三个提案团队，重新提出一枚联合概念的卫星计划。一年后，这个新团队提出可以由航天飞机或戴尔他火箭发射的绕极卫星，并称之为宇宙背景探测者。宇宙背景探测者测量和提供的结果将可以协助提供人类了解宇宙的形状，这工作也将可以巩固宇宙的大爆炸理论。按照计划，宇宙背景探测者将携带下列仪器升空：

微差微波辐射计——一个测量微波的仪器，能够描绘出宇宙微波背景辐射微小变动（各向异性）。（主要研究员为乔治·斯穆特。）

远红外线游离光谱仪——一个分光光度计，用来测量宇宙微波背景辐射。（主要研究员为约翰·马瑟。）

漫射红外线背景实验——一个多波长红外线探测器，用来测量尘粒发射的图谱。（主要研究员为麦克侯斯。）

宇宙背景探测者在1989年11月18日由戴尔他火箭发射进入太阳同步轨道。根据宇宙背景探测者号测量到的结果，宇宙微波背景辐射谱非常精确地符合温度为 2.726±0.010K 的黑体辐射谱，证实了银河系对于背景辐射有一个相对的运动速度，并且还验证，扣除掉这个速度对测量结果带来的影响，以及银河系内物质辐射的干扰，宇宙背景辐射具有高度各向同性，温度涨落的幅度只有大约百万分之五。目前公认的理论认为，这个温度涨落起源于宇宙在形成初期极小尺度上的量子涨落，它随着宇宙的暴涨而放大到宇宙学的尺度上，并且正是由于温度的涨落，造成宇宙物质分布的不均匀性，最终得以形成诸如星系团等的一类大尺度结构。

在1992年4月23日，宇宙背景探测者科学团队宣布，它们从宇宙背景探测者的数据中发现了原始的种子：宇宙微波背景辐射的各向异性，即微波背景辐射在不同方向上温度有着极其微小的差异。

2003年，美国发射的威尔金森微波各向异性探测器对宇宙微波背景辐射在不同方向上的涨落的测量表明，宇宙的年龄是137±1亿年，在宇宙的组成成分中，4%是一般物质，23%是暗物质，73%是暗能量。

2006年，宇宙微波背景辐射计划的两位主要研究员乔治·斯穆特和约翰·马瑟获得了诺贝尔物理学奖。这是对他们在宇宙微波背景辐射的黑体形式和各向异性上的发现的表彰。根据诺贝尔奖委员会的看法：“宇宙背景探测的计划可以视为宇宙论成为精密科学的起点。”

↓火箭是人类将各种宇宙探测器送往太空的重要工具

γ射线爆发

引言：

γ射线，又称γ粒子流，是原子核能级跃迁蜕变时释放出的射线，是波长短于0.2埃的电磁波。γ射线爆发又称为γ射线暴，是宇宙一种γ射线突然增强的现象。

γ射线爆发简介

什么是γ射线爆发

在原子核反应中，当原子核发生α、β衰变后，往往衰变到某个激发态，处于激发态的原子核仍是不稳定的，并且会通过释放一系列能量使其跃迁到稳定的状态，而这些能量的释放是通过射线辐射来实现的，这种射线就是γ射线。γ射线爆发又称为γ射线暴，是宇宙中γ射线突然增强的现象。

γ射线能量巨大

γ射线具有极强的穿透本领。人体受到γ射线照射时，γ射线可以进入到人体的内部，并与体内细胞发生电离作用，电离产生的离子能侵蚀复杂的有机分子，如蛋白质、核酸和酶，它们都是构成活细胞组织的主要成分，一旦它们遭到破坏，就会导致人体内的正常化学过程受到干扰，严重的可以使细胞死亡。具体来讲，当人体受到γ射线的辐射剂量达到

↓过量的γ射线照射，会破坏人体的细胞，导致疾病的发生

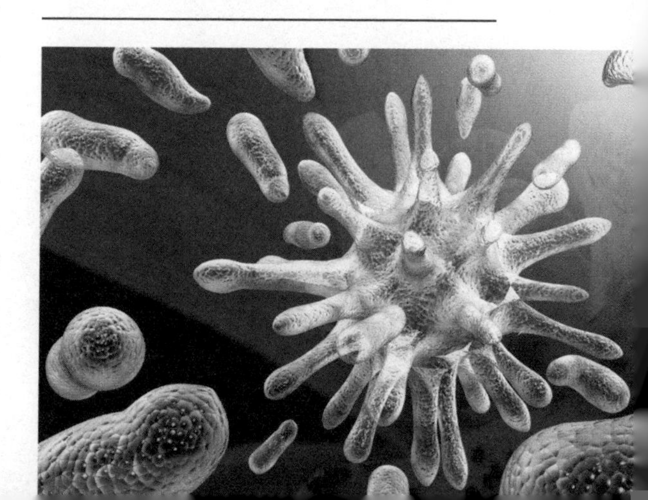

200～600雷姆时，人体造血器官如骨髓将遭到损坏，白血球严重地减少，内出血、头发脱落，在两个月内死亡的概率为0～80%；当辐射剂量为600～1000雷姆时，在两个月内死亡的概率为80%～100%；当辐射剂量为1000～1500雷姆时，人体肠胃系统将遭破坏，发生腹泻、发烧、内分泌失调，在两周内死亡概率几乎为100%；当辐射剂量为5000雷姆以上时，可导致中枢神经系统受到破坏，发生痉挛、震颤、失调、嗜眠，在两天内死亡的概率为100%。

↓太阳强大的能量可使大地回春，万物生长，而部分γ射线暴释放出的能量十分巨大，甚至相当于几百个太阳在其一生（100亿年）中所放出的总能量

γ射线暴的超强能量

γ射线爆发释放能量的功率非常高。一次γ射线暴的“亮度”相当于全天所有伽马射线源“亮度”的总和。现在的高能天文卫星差不多每天都能观测到一两次的γ射线暴。

γ射线暴的持续时间很短，长的一般为几十秒，短的只有十分之几秒。而且它的亮度变化也是复杂而且无规律的。但γ射线暴所放出的能量却十分巨大，在若干秒钟时间内所放射出的γ射线的能量相当于几百个太阳在其一生（100亿年）中所放出的总能量！1997年12月14日发生的γ射线暴，距离地球远达120亿光年，50秒内所释放出γ射线能量就相当于整个银河系200年的总辐射能量。这个γ射线暴在一两秒内，其亮度与除它以外的整个宇宙一样明亮。而1999年1月23日

发生的γ射线暴更加猛烈，它释放出的能量是1997年那次的十倍。

在2008年3月19日，人类发射的太空探测器捕捉到了迄今为止最为猛烈的一次γ射线暴。科学家们指出，这次异常猛烈的γ射线暴现象于3月19日被探测器所捕获，其强度之高，人们甚至无需借助任何仪器便可看到其产生的闪光。

此次超强γ射线暴的编号为GRB 080319B，其编号中的“B”表明这是3月19日记录到的第二次射线暴（当天共发生了5次）。在3月19日14时13分1秒至14时13分11秒之间，位于智利的“Pi of the Sky”广角照相机记录到了这次γ射线暴亮度的最高值达5.76等（“等”是天文学的亮度单位）。专家们指出，如此高的亮度足以被人眼直接看到，这种情况此前还从未出现过。在大约4分钟后，射线暴的亮度逐渐下降到11.10星等。借助欧洲南方天文台“甚大天文望远镜”获取的观测数据，天文学家们对此次γ射线暴在光谱中所表现出的“红移”进行了测量，以确定其与地球的距离。据悉，此次射线暴的“红移”达到了0.937的频率移动，这就意味着，其与地球的距离超过了70亿光年。

发现γ射线爆发

卫星的功劳

人类发现太空γ射线还要从核武器说起。

核武器的出现，是20世纪40年代前后科学技术重大发展的结果。1939年初，德国化学家O.哈恩和物理化学家F.斯特拉斯曼发表了铀原子核裂变现象的论文。几个星期内，许多国家的科学家验证了这一发现，并进一步提出有可能创造这种裂变反应自持进行的条件，从而开辟了利用这一新能源为人类创造财富的广阔前景。正当科学界在热议核裂变的研究之时，1939年9月，德国入侵波兰，英法两国对德宣战，第二次世界大战爆发。

在此之前，科学家们对于原子弹

↓原子弹能量巨大，爆炸时所产生的放射性物质对人类极具杀伤力，因此大多数人都反对将核武器应用在人类战争中图为日本广岛原子弹爆炸旧址

知识外延

X射线由德国物理学家W.K.伦琴于1895年发现，故又称伦琴射线。伦琴射线具有很高的穿透本领，能透过许多对可见光不透明的物质，如墨纸、木料等。这种肉眼看不见的射线可以使很多固体材料发生可见的荧光，使照相底片感光以及空气电离等效应，波长越短的X射线能量越大，叫做硬X射线，波长长的X射线能量较低，称为软X射线。波长小于0.1埃的称超硬X射线，在0.1～1埃范围内的称硬X射线，1～10埃范围内的称软X射线。

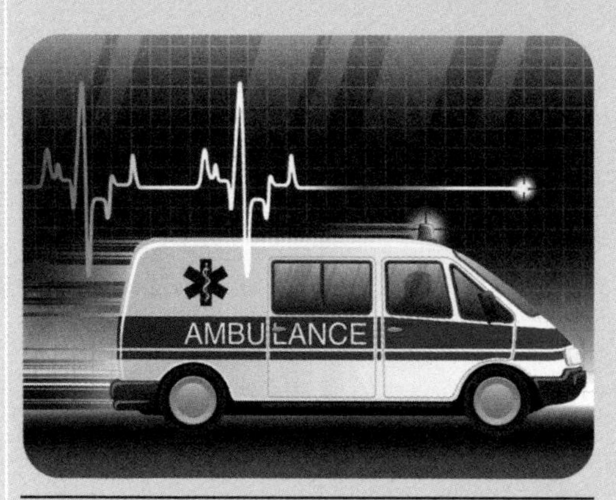

↑由于射线具有穿透性，科学家将对人类无需的射线运用于医学检查

α射线，也称“甲种射线”。是放射性物质所放出的α粒子流。它可由多种放射性物质（如镭）发射出来。α粒子的动能可达4～9MeV。从α粒子在电场和磁场中偏转的方向可知它们带有正电荷。由于α粒子的质量比电子大得多，通过物质时极易使其中的原子电离而损失能量，所以它能穿透物质的本领比β射线弱得多，它在空气中的射程只有几厘米，只要一张纸或健康的皮肤就能挡住。

↑α射线穿透能力相对较弱，一张白纸就可挡住

β射线是高速运动的电子流，贯穿能力很强，电离作用弱，本来物理世界里是没有左右之分的，但β射线却有左右之分。β粒子是指当放射性物质发生β衰变，所释出的高能量电子，其速度可达光速的99%。在β衰变过程当中，放射性原子核通过发射电子和中微子转变为另一种核，产物中的电子就被称为β粒子。在正β衰变中，原子核内一个质子转变为一个中子，同时释放一个正电子；在“负β衰变”中，原子核内一个中子转变为一个质子，同时释放一个电子，即β粒子。

技术的研究正在不断深入。考虑到德国若掌握原子弹技术可能带来严重后果，于是1939年8月科学家们推举物理学家爱因斯坦写信给美国第32届总统F.D.罗斯福，建议研制原子弹。到第二次世界大战即将结束时，美国制成了3颗原子弹，成为世界上第一个拥有原子弹的国家。第二次世界大战结束后，人们认识到了原子弹的巨大威力，1949年当时军事力量可与美国抗衡的苏联也研制成功。之后，美、苏联两国又相继研制成功了氢弹。

一般来说，原子弹、氢弹等的杀伤力由爆炸时的四个因素构成：冲击波、光辐射、放射性沾染和贯穿辐射。其中贯穿辐射则主要由强γ射线和中子流组成。由此可见，核爆炸本身就是一个γ射线光源。通过结构的巧妙设计，可以缩小核爆炸的其他硬杀伤因素，使爆炸的能量主要以γ射线的形式释放，并尽可能地延长γ射线的作用时间（可以为普通核爆炸的三倍），这种核弹就是γ射线弹。

与其他核武器相比，γ射线的威力主要表现在以下两个方面：一是γ射线的能量大。由于γ射线的波长非常短，频率高，因此具有非常大的能量，对人体的杀伤力也非常大。

二是γ射线的穿透本领极强。γ射线是一种杀人武器，它比中子弹的威力大得多。中子弹是以中子流作为攻击的手段，但是中子的产额较少，只占核爆炸放出能量的很小一部分，所以杀伤范围只有500~700米，一般作为战术武器来使用。γ射线的杀伤范围，据说为方圆100万平方千米，这相当于以阿尔卑斯山为中心的整个南

↓原子弹是有形之物，但其对人类的破坏性却是无形的、难以评估的

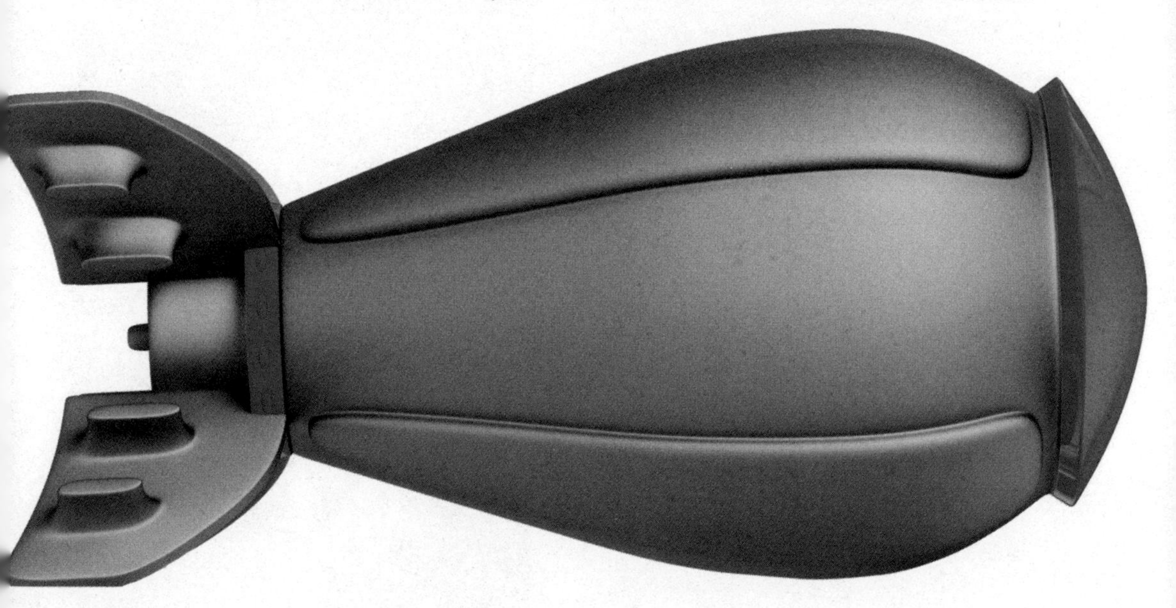

欧。因此，它是一种极具威慑力的战略武器。

美国和苏联为了遏制对方的核武器发展，开始了相互之间的密切监测。美国军方发射了用于核爆炸探测的系列卫星——维拉（先后共发射12颗）。在这些卫星上安装有γ射线探测器，用于监视核爆炸所产生的大量的高能射线。侦察卫星在1967年发现了来自浩瀚宇宙空间的γ射线在短时间内突然增强的现象，这一发现最初在五角大楼引起了一阵惶恐：是苏联在太空中测试一种新的核武器吗？稍后这些辐射被判定为均匀地来自空中的各个方向，后来的分析表明，这种爆发同地球、月球、太阳和行星都没有关系，肯定发生在太阳系以外，因此，被称为宇宙 γ射线爆发（简称 γ爆发）。它是20世纪70年代天体物理学的重大发现之一。由于军事保密等因素，这个发现直到1973年才公布出来。

γ射线暴发生于银河系之外

在20世纪七八十年代，人们普遍相信γ射线暴是发生在银河系内的现象，推测它与中子星表面的物理过程有关。然而，波兰裔美国天文学家帕钦斯基却认为γ射线暴发生在银河系之外。在当时，人们已经被“γ射线暴是发生在银河系内”的理论统治多年，对于帕钦斯基的观点，根本无人信服。

1991年，美国的“康普顿伽马射线天文台”发射升空，对γ射线暴进行了全面系统的监视。几年观测下来，科学家发现γ射线暴出现在天空的各个方向上，而这就与星系或类星体的分布很相似，而与银河系内天体的分布完全不一样。人们开始重视帕钦斯基的观点，但是仍然有一大部分人相信γ射线暴发生在银河系之内。

1997年意大利发射了一颗高能天文卫星，能够快速而精确地测定出γ射线暴的位置，于是地面上的光学望远镜和射电望远镜就可以对其进行后续观测。天文学家首先成功地发现了1997年2月28日γ射线暴的光学对应体，这种光学对应体被称之为γ射线暴的“光学余辉”；接着看到了所

对应的星系。到目前为止，全世界已经发现了20多个γ射线暴的“光学余辉”，其中大部分的距离已经确定，它们全部是银河系以外的遥远天体。

γ射线暴的成因

关于γ射线暴的成因，至今世界上尚无定论，最为人们广泛接受的是超新星爆炸说。

大多数天体物理学家认为，强劲的γ射线喷发来自恒星内核坍塌导致的超新星爆炸而形成的黑洞。

2003年3月24日，在加拿大魁北克召开的美国天文学会高能天体物理分会会议上，一部分研究人员宣称它们已经发现了一些迄今为止最有力的迹象，表明普通的超新星爆发可能在几周或几个月之内导致剧烈的γ射线大喷发。这种说法一经提出就在会议上引发了激烈的争议。

其实在2002年的一期英国《自然》杂志上，一个英国研究小组就报告了他们对于γ射线暴的最新研究成果，称γ射线暴与超新星有关。研究者研究了2001年12月的一次γ射线暴的观测数据，牛顿太空望远镜观测到了这次γ射线暴长达270秒的X射线波

↓“γ射线暴可能源自超新星爆发”的议题是在2003年加拿大魁北克召开的一次天文学大会上提出的图为魁北克城市风光

↑位于太空的卫星、望远镜为人类的天文观测提供了翔实的数据

段的“余辉”。通过对于X射线的观测，研究者发现了在爆发处镁、硅、硫等元素以亚光速向外逃逸，通常超新星爆发才会造成这种现象。

麻省理工学院的研究人员通过钱德拉X射线望远镜追踪了2002年8月发生的一次时长不超过一天的超新星爆发。在这次持续21个小时的爆发中，人们观察到大大超过类似情况的X射线。而X射线被广泛看作是由超新星爆发后初步形成的不稳定的中子星发出。大量的观测表明，γ射线喷发源附近总有超新星爆发而产生的质量很大的物质存在。对此，反对人士认为，这些说法没有排除X射线非正常增加或减少的可能性。而且，超新星爆发与γ射线喷发之间存在时间间隔的原因仍然不明。

美国航空航天局的“雨燕”γ射线探测器发射后，这一问题得到了极大的缓解。美国航空航天局的科学家们利用“雨燕”γ射线探测器对宇宙中超新星爆炸进行实时监测，并取得了巨大的成果。来自美国浓缩物质物理研究机构的科学家埃里·沃克斯曼（音）研究成功了对超新星爆炸实时观测的方法。按照他的方法，美国航空航天局的科学家们在超新星爆炸发生160秒后就探测到了爆炸事件，并且捕获了超新星爆炸的全过程，从中获取了大量有用的信息，包括爆炸时恒星向四面八方释放出的强烈射线、特别是γ射线和X射线的释放。

根据对整个探测过程所获得数据的分析研究，科学家们发现这些死亡恒星的主要成分是氧和碳，这也是它们的质量超大的原因之一。这一研究成果为超新星爆炸理论又提供了新的证据。

人类对γ射线的利用

γ射线的发现为科学技术和人类历史的进程起了巨大而深刻的影响。根据γ射线具有波长短、能量高、穿透力强和对细胞有很强杀伤力的特性，现在γ射线已经被应用到了经济、军事、工农业生产、生物科学、医疗卫生等领域。当然在应用的同时也不要忽视它的危害性。

利用γ射线辐射育种

利用γ射线照射农作物的种子、植株或某些器官和组织，促使它们产生各种变异，再从中选出人类所需要的可遗传的优良变异，经过培育成为优良的新品种。例如：用一定强度的γ射线照射水稻种子，就可得到变异的后代，选出种子的品种，经过几代培育可得高产、抗病、早熟的优良品种。

放射性物质的检测

根据γ射线自身的特性，如波长短、频率高、穿透性强等做出的射线检测仪就可以对物质进行检测是否有放射性，可在公共运输系统、政府大楼、重要机会场所、军事部门等处应用。

γ射线刀

γ射线对细胞有很强的杀伤力，医疗上用来治疗肿瘤。肿瘤细胞受到γ射线照射时发生电离作用，电离产生的离子破坏了组成细胞的蛋白质、核酸和酶等有机分子，使肿瘤细胞死亡。

↓γ射线可用于植物育种

目前应用广泛的就是γ刀手术。γ刀又称立体定向γ射线放射治疗系统，是一种融合现代计算机技术、立体定向技术和外科技术于一体的治疗性设备，它将钴60发出的γ射线几何聚焦，集中射于病灶，一次性、致死性地摧毁靶点内的组织，而射线经过人体正常组织几乎无伤害，并且剂量锐减，因此其治疗照射范围与正常组织界限非常明显，边缘如刀割一样，人们形象地称之为“γ刀”。

γ刀是一个布满直准器的半球形头盔，头盔内能射出201条钴60高剂量的离子射线——γ射线。它经过CT和磁共振等现代影像技术精确地定位于某一部位，我们称之为“靶点”。它的定位极准确，误差常小于0.5毫米；每条γ射线剂量梯度极大，对正常组织几乎没有损伤。当201条射线从不同位置聚集在一起则可摧毁靶点组织。用γ刀进行手术具有无创伤、不需要全麻、不开刀、不出血和无感染等优点。

相关链接

电子对撞机是一个使正负电子产生对撞的设备，它将各种粒子（如质子、电子等）加速到极高的能量，然后使粒子轰击一固定靶。通过研究高能粒子与靶中粒子碰撞时产生的各种反应研究其反应的性质，发现新粒子、新现象。目前世界上已建成或正在兴建的对撞机有10多台。

正负电子在对撞机里相向高速回旋、对撞探测产生的次级粒子并加以研究，就能了解物质微观结构的许多奥秘。

↓γ射线对人体内的正常组织无伤害，可集中射于病灶，摧毁靶点内的组织

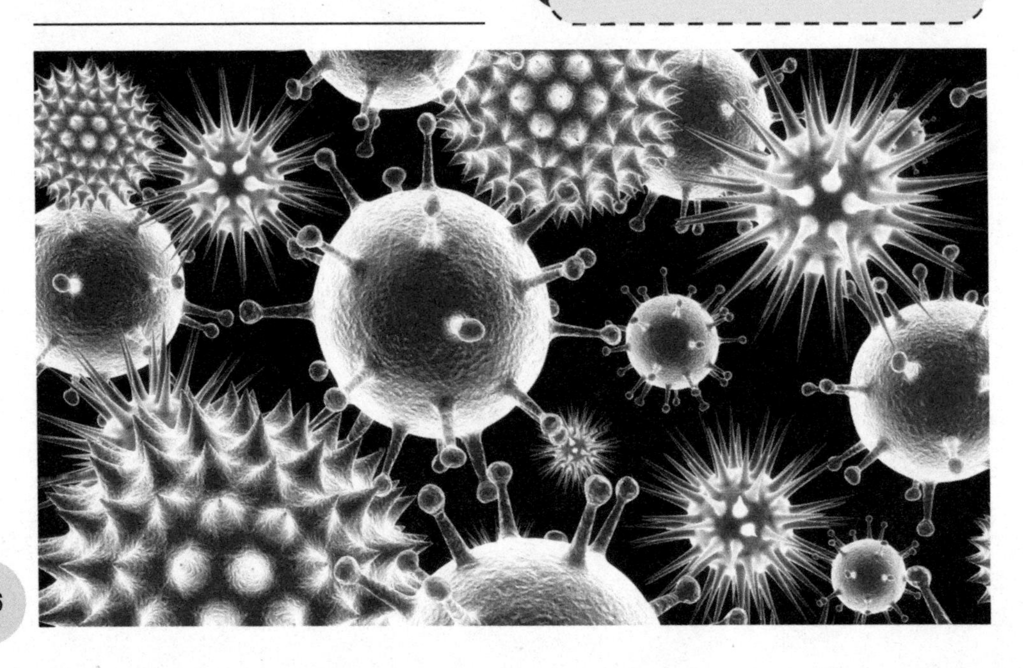

天文学家通过长期观测发现，在宇宙中有一些引力非常大却又看不到任何天体的区域，这种奇异天文现象的主要特征是：

①这个区域有很强的磁场和引力，不断吞噬大量的星际物质。一些物质在它周围运行，轨迹会发生变化，形成圆形的气体尘埃环；

②它有很大的能量，可以发出极强的各类辐射；

③由于它极大的引力作用，光线在它附近也会发生弯曲变化。

之后科学家通过观测到的大量间接征兆证实了它的存在，但是却无法直接看到它，于是有一些天文学家想象它是一种恒星坍缩后所形成的质量、密度很大的暗天体，美国物理学家惠勒给它取了一个有趣的名字——黑洞。

黑洞的产生

黑洞的产生过程类似于中子星的产生过程；恒星的核心在自身重力的作用下迅速地收缩、塌陷，发生强力爆炸。当核心中所有的物质都变成中子时收缩过程立即停止，被压缩成一个密实的星体，同时也压缩了内部的空间和时间。但在黑洞情况下，由于恒星核心的质量大到使收缩过程无休止地进行下去，中子本身在挤压引力自身的吸引下被碾为粉末，剩下来的是一个密度高到难以想象的物质。由于高质量而产生的力量，使得任何靠近它的物体都会被它吸进去。这样黑洞就开始吞噬恒星的外壳，黑洞在吞噬的同时还会释放出一部分物质，射出两道纯能量——伽马射线。

简单说来，当一颗恒星衰老时，它的热核反应已经耗尽了中心的燃料（氢），由中心产生的能量已经不多了。这样，它再也没有足够的力量来承担起外壳巨大的重量。所以在外壳的重压之下，核心开始坍缩，直到最后形成体积无限小、密度无限大的星体。星体物质将不可阻挡地向着中心进军，直至体积趋于无限小、密度趋向无限大。而当它的半径收缩到一定

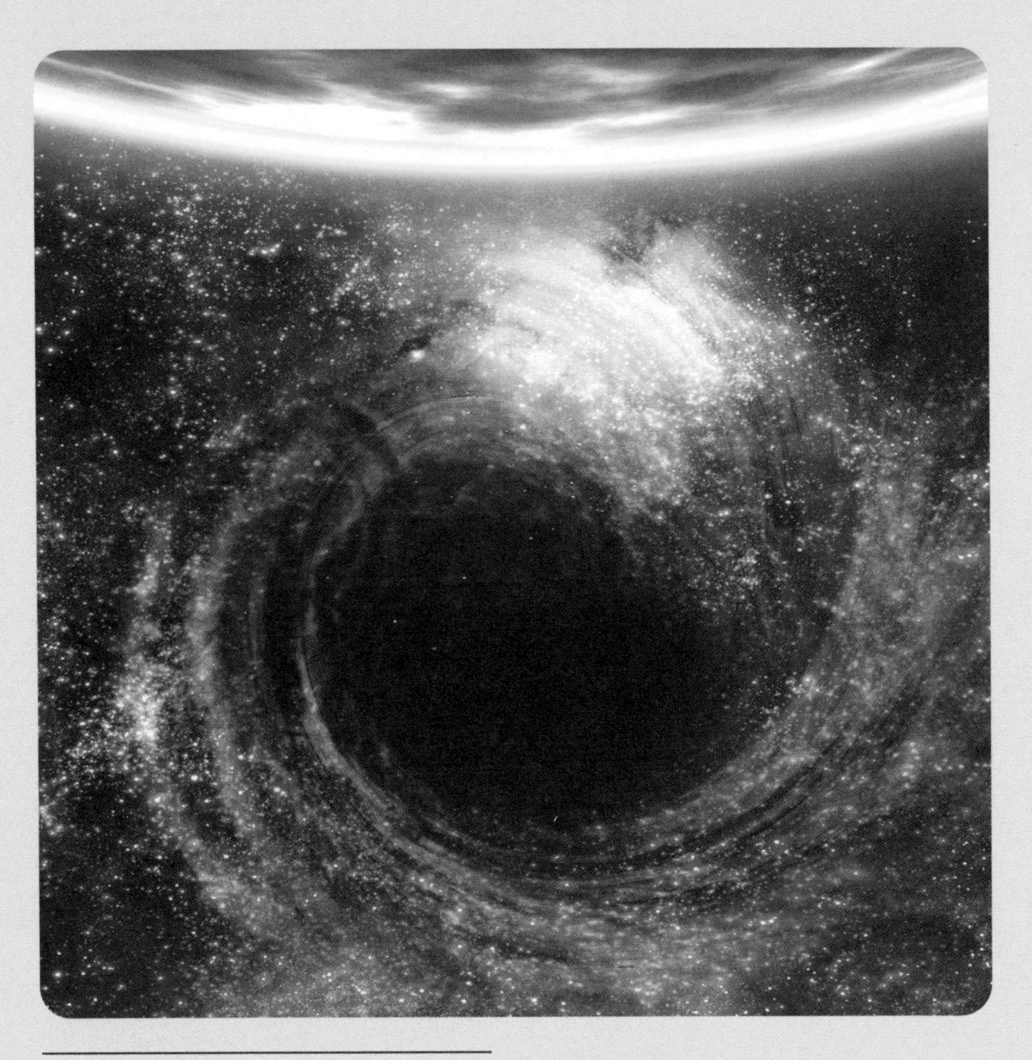

↑黑洞具有极大的引力作用，光线在它附近也会发生弯曲变化

程度（一定小于史瓦西半径），质量导致的时空扭曲就使得光也无法向外射出，这时黑洞就诞生了。

宇宙中一切天体都不是孤立存在的，所有物质之间都有千丝万缕的内在联系，“黑洞”现象的产生也不是偶然的，而是在自然规律内物质循环演变过程中一个重要的环节。

表现形式

与别的天体相比，黑洞十分特殊。人们无法直接观察到它，科学家也只能对它内部结构提出各种猜想。而使得黑洞把自己隐藏起来的原因即是弯曲的时空。根据广义相对论，时空会在引力场作用下弯曲。这时候，光虽然依旧沿任意两点间的最短光程传播，但相对而言它已弯曲。在经过大密度的天体时，时空会弯曲，光也就偏离了原来的方向。

一部分科学家经过研究认为黑洞就像“台风”、“水流旋涡”这些直观的涡流现象，是宇宙中物质运动的产物，它的巨大能量和引力主要来自物质急速运动产生的磁场，“黑洞”中心是外界物质不易进入、有形物质极少的区域。所以，在“黑洞”的中心都是空白区域，因为它对周围物质的吸引力在各方向基本是均匀的，一般“黑洞”周围物质运行的轨迹都是圆形旋涡状的，由于“黑洞”物质分布密度的不同，周围还会伸出一些旋臂（如可见的星系旋臂），造成同方向辐射强弱程度不同的射线脉冲现象（即脉冲星）。

分类特点

根据不同的分类标准，可将黑洞分成不同的类别。

1.按组成来划分，黑洞可以分为两大类：暗能量黑洞和物理黑洞。

暗能量黑洞主要由高速旋转的巨大的暗能量组成，它内部没有巨大的质量。巨大的暗能量以接近光速的速度旋转，其内部产生巨大的负压足以吞噬物体，从而形成黑洞。暗能量黑洞是星系形成的基础，也是星团、星系团形成的基础。

物理黑洞由一颗或多颗天体坍缩形成，具有巨大的质量。当一个物理黑洞的质量等于或大于一个星系的质量时，

↓黑洞十分特殊，即便光线被吸入也无法逃逸，因此人类无法直接观测到它

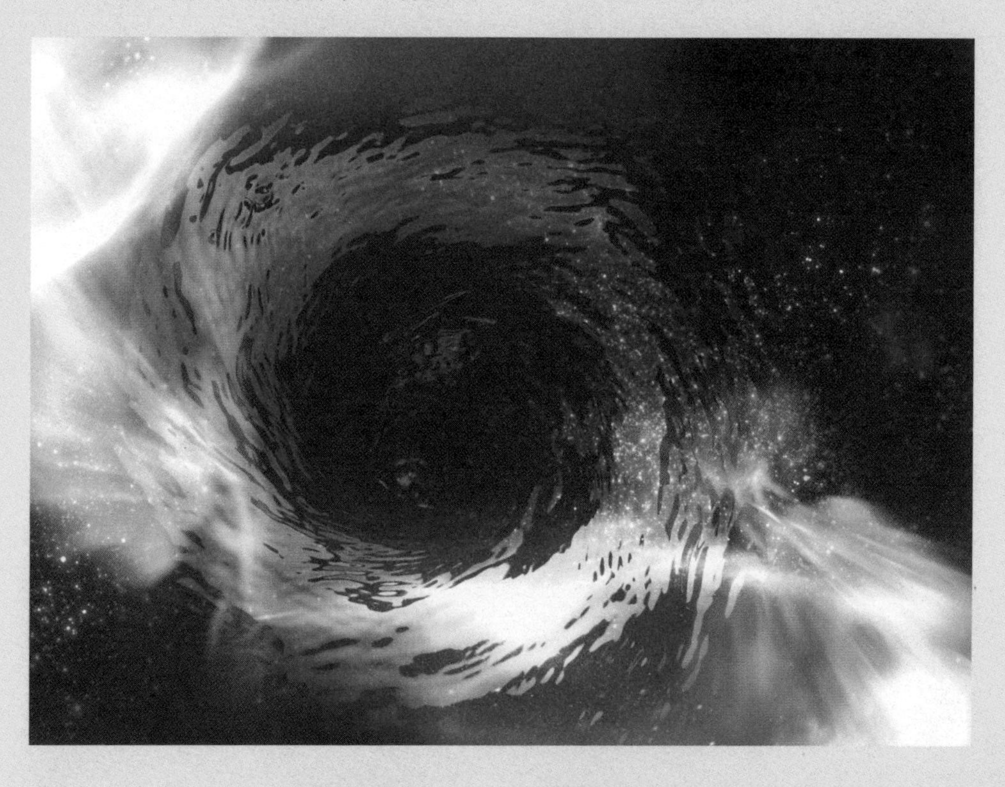

我们称之为奇点黑洞。暗能量黑洞的体积很大，可以有太阳系那般大。奇点黑洞比起暗能量黑洞来说体积非常小，它甚至可以缩小到一个奇点。

2.根据黑洞本身的物理特性质量、角动量、电荷划分，可以将黑洞分为四类：不旋转不带电的黑洞、不旋转带电的黑洞、旋转不带电的黑洞、一般黑洞。

不旋转不带电荷的黑洞：它的时空结构于1916年由史瓦西求出，称史瓦西黑洞。

不旋转带电黑洞：称R-N黑洞。时空结构于1916至1918年由赖斯纳和纳自敦求出。

旋转不带电黑洞：称克尔黑洞。时空结构由克尔于1963年求出。

一般黑洞：称克尔—纽曼黑洞。时空结构于1965年由纽曼求出。

霍金的最新研究成果

提到黑洞就不得不介绍霍金，霍金是英国剑桥大学应用数学及理论物理学系教授，当代最重要的广义相对论和宇宙论家，是当今享有国际盛誉的伟人之一，被称为现今最伟大的科学家，还被称为“宇宙之王”。他对黑洞的研究使得人类更进一步地认识了黑洞。

1973年，霍金考虑黑洞附近的量子效应，发现黑洞会像黑体一样发出辐射，其辐射的温度和黑洞质量成反比，这样黑洞就会因为辐射慢慢变小，而温度却越变越高，它以最后一刻的爆炸告终。黑洞辐射的发现将引力、量子力学和统计力学统一在了一起。

1976年，霍金称自己通过计算得

↓有些科学家认为黑洞就像台风或者水流旋涡一样，是宇宙中物质运动的产物

出结论，黑洞一旦形成，就开始向外辐射能量，但这种辐射并不包含黑洞内部物质的“信息”。最终黑洞将因为质量丧失殆尽而消失，而那些黑洞内部的信息也就不知去向，这便是所谓的“黑洞悖论”。

然而，2004年7月，他改正了自己原来的“黑洞悖论”观点，而认为信息应该持之以恒。霍金认为他以前的观点是错误的，他最新的研究发现，被吸入黑洞深处的物质的某些信息实际上可能会在未来相当漫长的一段时间里慢慢释放出来，黑洞在星系形成过程中扮演了重要角色。他认为，过去宇宙学家普遍认为大型物体被吸进黑洞后几乎可以肯定将永远消失。现在看来，少量的信息可能会在数十亿年里一点点地释放出来。

霍金认为自己一生的贡献是在经典物理的框架里，证明了黑洞和大爆炸奇点的不可避免性，黑洞越变越大；但在量子物理的框架里，他指出，黑洞因辐射而越变越小，大爆炸的奇点不但被量子效应所抹平，而且整个宇宙正是起始于此。

理论物理学的细节随着科学研究的逐渐深入还会有变化，但就观念而言，现在已经相当完备了。

↓霍金虽然肢体残疾，但是他的大脑却积极思考着天文学中的难题，他的研究成果使人类更进一步地认识了黑洞图为太空中黑洞吞噬物结构模拟图

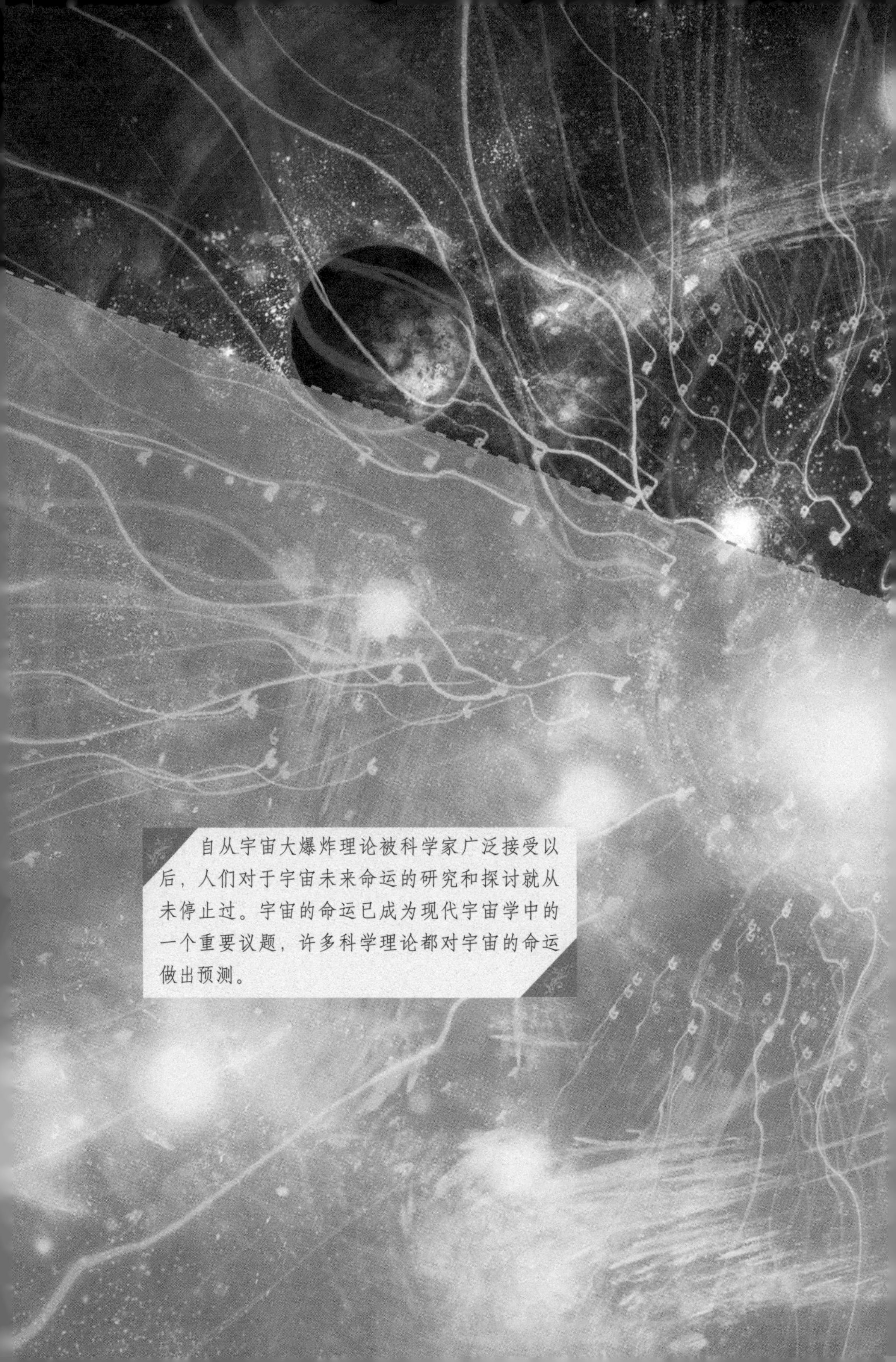

自从宇宙大爆炸理论被科学家广泛接受以后，人们对于宇宙未来命运的研究和探讨就从未停止过。宇宙的命运已成为现代宇宙学中的一个重要议题，许多科学理论都对宇宙的命运做出预测。

科学探索丛书
第四章
揭示宇宙的命运

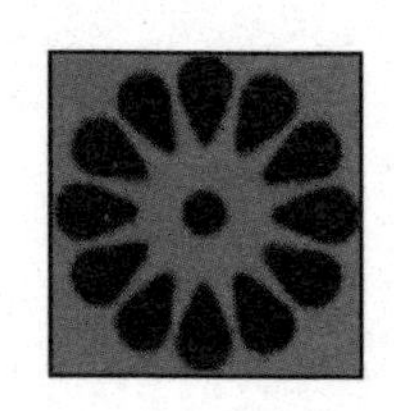

宇宙在膨胀

引言：

美国天文学家哈勃在1929年根据“所有星云都在彼此互相远离，而且离得越远，离去的速度越快”这样一个天文观测结果，得出结论认为：整个宇宙在不断膨胀，星系彼此之间的分离运动也是膨胀的一部分。

红移现象发现宇宙在膨胀

红移现象

天体的光或者其他电磁辐射可能由于三种效应被拉伸而使波长变长。因为红光的波长比蓝光的长，所以这种拉伸对光学波段光谱特征的影响是将它们移向光谱的红端，于是全部三种过程都被称为“红移”。

红移的发展开始于19世纪对波动力学现象的探索，因而联结到了多普勒效应。

多普勒效应的主要内容是物体辐射的波长因为波源和观测者的相对运动而产生变化。在运动的波源前面，波被压缩，波长变得较短，频率变得

↓天体的光可能由于某种效应被拉伸而使波长变长，因为红光的波长比蓝光的长，这种拉伸对光学波段光谱特征的影响就是将它们移向光谱的红端

较高（蓝移）；当运动在波源后面时，会产生相反的效应。波长变得较长，频率变得较低（红移）。波源的速度越高，所产生的效应越大。根据波红（蓝）移的程度，可以计算出波源循着观测方向运动的速度。

举例来说，急救车和警车笛声长鸣在我们身边擦身而过，在这个过程中我们听到的声音有哪些不同呢？当急救车或警车笛声长鸣地朝向我们运动时，它们发出的声波被压缩，因而听起来声调较高；当急救车、警车离我们而去时，声波被拉伸，因而听起来声调较低。声波的这种现象就叫作多普勒效应。

多普勒效应引起的红移和蓝移的测量使天文学家得以计算出恒星的空间运动有多快，而且还能够测定，比如说，星系的自转方式。天体红移的量度是用红移引起的相对变化表示，称为z。如果z=0.1，则表示波长增加了10%，等等。只要所涉及的速率远低于光速，z也将等于运动天体的速率除以光速。所以，0.1的红移意味着恒星以1/10的光速远离我们而去。

哈勃定律

哈勃简介

爱德温·哈勃（1889~1953），美国天文学家，研究现代宇宙理论最著名的人物之一，银河外天文学的奠基人。他发现了银河系外星系存在及宇宙不断膨胀，是银河外天文学的奠基人和提供宇宙膨胀实例证据的第一人。

1906年6月，17岁的哈勃高中毕业，获得芝加哥大学奖学金，前往芝加哥大学学习。在大学期间，他受天文学家海尔启发开始对天文学产生更

知识外延

1919年，哈勃用世界上最大的150厘米和254厘米望远镜照相观测旋涡星云。当时天文界正围绕“星云”是不是银河系的一部分这个问题展开了激烈的讨论。

1923～1924年，哈勃用威尔逊山天文台的254厘米反射望远镜拍摄了仙女座大星云和M_{33}的照片，把它们的边缘部分分解为恒星，在分析一批造父变星的亮度以后断定，这些造父变星和它们所在的星云距离我们达几十万光年，远超过当时银河系的直径尺度，因而一定位于银河系外，即它们确实是银河系外巨大的天体系统——河外星系。1924年在美国天文学会一次学术会议上，正式公布了这一发现。至此，多年来关于旋涡星云是近距天体还是银河系之外的宇宙岛的争论就此结束。1926年，哈勃发表了他对河外星系的形态分类法，后称哈勃分类。按照哈勃分类，河外星系有三种基本结构类型：椭圆星系、旋涡星系和不规则星系。每种基本结构还可依照这一群中形状的差异予以细分。

↑天文台为许多重大天文发现提供了研究场地

大的兴趣。他在该校时即已获数学和天文学的校内学位。1910年，21岁的哈勃在芝加哥大学毕业，获得奖学金，前往英国牛津大学学习法律，23岁获文学学士学位。之后他当过律师，由于对天文学的热爱，辗转两年后，在25岁的时候，他到叶凯士天文台攻读研究生，28岁获博士学位，并在该校设于威斯康星州的叶凯士天文台工作。在获得天文学哲学博士学位和从军两年以后，1919年，哈勃退伍到威尔逊天文台（现属海尔天文台）专心研究河外星系并有了新发现。

哈勃对20世纪天文系做出许多贡献，其中最重大者有二：一是确认星系是与银河系相当的恒星系统，开创了星系天文学，建立了大尺度宇宙的新概念；二是发现了星系的红移—距离关系，促使现代宇宙学的诞生。也因此，哈勃被称为“星系天文学的奠基人”“现代宇宙学的开创者”。

哈勃定律的产生

自河外星系本质之谜被揭开之后，人类对宇宙的认识从银河系扩展到了广袤的星系世界，一些天文学家开始把注意力转向星系。

从1919年开始，在威尔逊天文台工作的哈勃利用当时世界上最大的威尔逊山天文台2.5米口径的望远镜，

↓先进的天文望远镜是人类观测星空的重要工具

全力从事星系的实测和研究工作，其中包括测定星系的视向速度，以及估计星系的距离。前者需要对星系进行光谱观测，后者则必须找到合适的、能用于测定星系距离的标距天体或标距关系。哈勃开展上述两项工作的目的，是试图探求星系视向速度与距离之间是否存在某种关系。

与现代设备相比，20世纪20年代时观测条件很简陋，2.5米口径望远镜不仅操纵起来颇为费力，而且不时会出现故障。星系是非常暗的光源，为了拍摄到它们的光谱，在当时往往需要曝光达几十分钟乃至数小时之久，其间还必须保持对目标星系跟踪的准确性。为获取尽可能清晰的星系光谱，哈勃甚至得用自己的肩膀顶起巨大的镜筒，整夜待在放置望远镜的五楼观测室内。科学研究工作总是艰苦的，它需要科学家严谨的科学态度和持之以恒的耐力。经过几年的努力，到1929年，哈勃获得了40多个星系的光谱，结果发现这些光谱都表现出普遍性的谱线红移。如果这是缘于星系视向运动而引起的多普勒位移，则说明所有的样本星系都在做远离地球的运动，且速度很大。这与银河系的恒星运动情况不同：银河系的恒星光谱既有红移，也有蓝移，表明有的恒星在靠近地球，有的在远离地球。不仅如此，由位移值所反映出的星系运动速度远远大于恒星，前者可高达每秒

相关链接

哈勃空间望远镜是以爱德温·哈勃之名命名的、通光口径2.4米、轨道上环绕着地球的反射式天文望远镜。它用于从紫外到近红外（115nm～1,010nm）探测宇宙目标。它的位置在地球的大气层之上，因此获得了地基望远镜所没有的好处——影像不会受到大气湍流的扰动，视相度绝佳又没有大气散射造成的背景光，还能观测会被臭氧层吸收的紫外线。哈勃空间望远镜在1990年发射之后，已经成为天文史上最重要的仪器。它已经填补了地面观测的缺口，帮助天文学家解决了许多根本上的问题，使人类对天文物理有了更多的认识。

数百、上千千米，甚至更大，而后者通常仅为每秒几千米或数十千米。

经过一段时间的研究，哈勃惊讶地发现，样本中距离地球越远的星系，其谱线红移越大，且星系的视向退行速度与星系的距离之间存在正比。哈勃得出了视向速度与距离之间大致的线性正比关系。现代精确观测已证实这种线性正比关系$v = H0 \times d$，其中v为退行速度，d为星系距离，H0为比例常数，称为哈勃常数。这就是著名的哈勃定律。

后来哈勃与另一位天文学家赫马森合作，又获得了50个星系的光谱观测资料，其中最大的视向速度已接近2万千米/秒。在他们两人于1931年根据新资料所发表的论文中，星系的速度—距离关系得到进一步确认。

哈勃定律发现的意义

哈勃定律揭示宇宙是在不断膨胀的。这种膨胀是一种全空间的均匀膨胀。因此，在任何一点的观测者都会看到完全一样的膨胀，从任何一个星

↓宇宙在不断地膨胀，星系彼此之间也正在远离

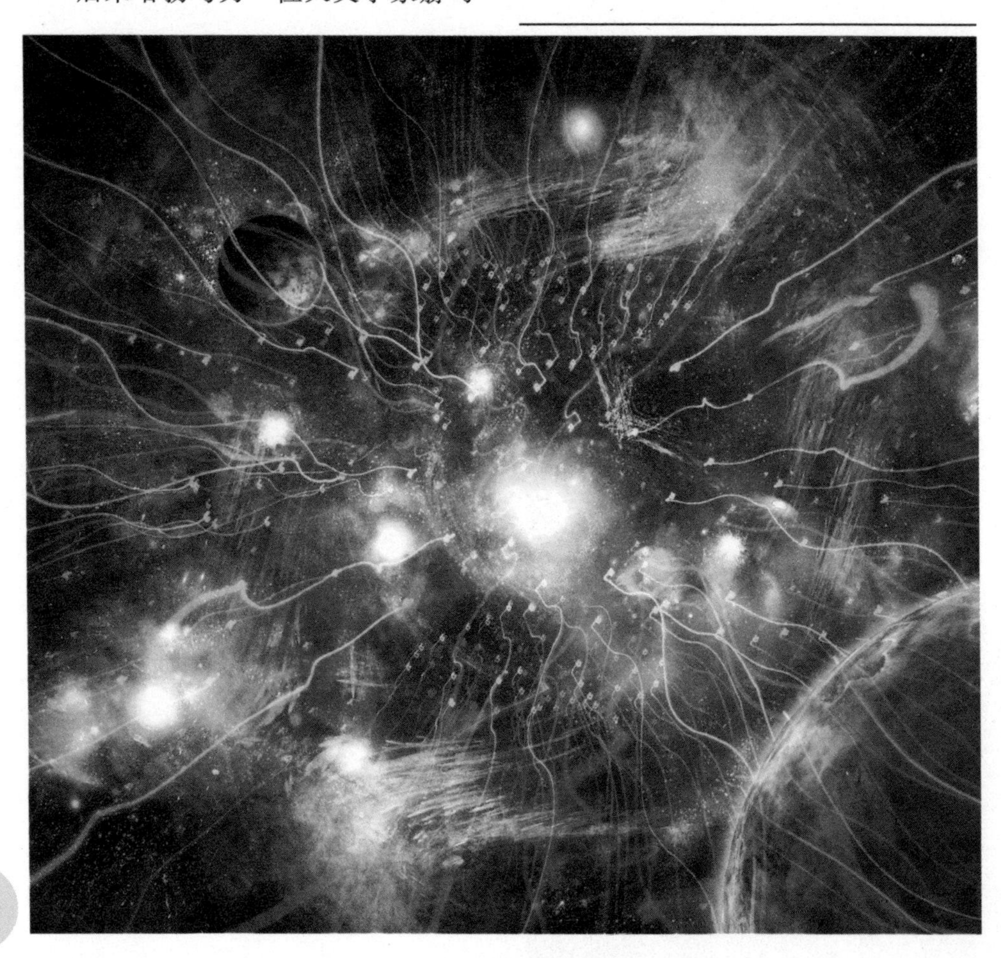

系来看，一切星系都以它为中心向四面散开，越远的星系间彼此散开的速度越大。星系彼此之间的远离也是宇宙膨胀的一部分。

根据哈勃定律所揭示的宇宙膨胀现象，俄罗斯天体物理学家伽莫夫才提出了大爆炸理论，认为宇宙诞生于约140亿年前，宇宙从一个极小体积、极高密度的点猛烈地向外膨胀，像发生了一次超级大爆炸。大爆炸理论此后被很多不同类型的天文观测所证实。

2003年，美国发射的威尔金森微波各向异性探测器对宇宙微波背景辐射在不同方向上涨落的测量表明，宇宙目前的膨胀速度是每秒71千米，宇宙空间是近乎于平直的，它经历过暴涨的过程，并且会一直膨胀下去。

哈勃定律原来由对正常星系观测而得，现已应用到类星体或其他特殊星系上。哈勃定律通常被用来推算遥远星系的距离。

宇宙是如何长大的

根据哈勃的发现，如果宇宙真的在膨胀，那么它过去一定比现在小，那宇宙是如何长大的呢？

根据大爆炸理论，科学家们认为，起初宇宙中空无一物，没有空间和时间。接着，就有了光。有个小光点出现

↓对于地球的生物有白天和黑夜之分，宇宙每天都在不停地变化着，没有一刻停歇

了，它的温度极高。这个小火球就是全部的空间，时间就从这里开始。

小光点迅速成长，时间不断流逝，空间也不断膨胀。

在大爆炸后的百万分之一秒，宇宙已从比一个原子还小，膨胀到了太阳系的8倍大。

在大爆炸后38万年，宇宙已经膨胀到银河系的大小，温度从华氏数十亿度冷却到了几千度。

在大爆炸后的90亿年，生命所需的所有元素都出现了。宇宙已经发展成了一个浩瀚复杂的空间，拥有数十亿个星系和无数恒星。在银河系的一个寂静的角落，一大团尘埃和气体开始聚集。它是一个大质量超新星遗留下的碎屑。达到临界质量时，这团碎屑开始猛烈燃烧，一颗恒星诞生了，它就是我们的恒星——太阳。

尘埃和气体在新恒星的轨道上形成旋涡状的圆盘。在重力的牵引下，这个环状结构中的尘埃和气体开始碰撞。尘埃和气体团越来越大。行星诞生了。地球就是这些行星中的一颗。

↑在宇宙无数星体中，人类最了解的莫过于赖以生存的地球了

宇宙，有限还是无限？

对于宇宙，人们总是带着好奇的目光在审视：宇宙到底有多大，它是有限还是无限，也许没有绝对的有限，只有绝对的无限。

在人们逐渐认识到太空中各个星体以及星体所属的星系，发现宇宙微波背景辐射，猜想宇宙的起源之后，人们开始关注宇宙的大小了。宇宙到底有多大呢？中国古代有“天地四方曰宇，古往今来曰宙”的说法，而宇宙就是时间和空间的结合体。

从“宇宙正在膨胀”这一论断中，我们可挖掘其中隐含的一个前提假设，就是宇宙是有限的。既然是一个有限大的体积，那就应该有内部和外部之分，但作为整体的宇宙显然不能纳入这一经验。

我们知道宇宙的膨胀不是三维空间的变化，而是在四维空间中进行的。通常，一个圆周线是有固定长度的，因此，它是一维的。假设有一种动物生活在一维的圆周线上，动物的运动可以使其回到出发点，但是它并不会发现这个一维世界的尽头，一维世界的外面对这种动物来说是永远也发现不了的。假设有一种动物，只能生活在地球的表面，不会脱离球面。那么，在这个二维空间中，动物向任意方向上奔跑，即使它可以回到出发点，也永远发现不了世界的尽头。这个二维世界也是有限的。

在人类生存的三维世界中，若宇宙是有限的，那它应该有固定的体积，但目前人类仍找不到它的尽头。当宇宙是有限时，从地球出发的一只太空探险队向一个方向飞行，给他们足够的时间，他们将会最终回到地球，这时，他们却出现在出发时的反方向上，就像在圆周线和球面上运动的动物一样。因此，在三维空间里，也无法找到宇宙的边界，只能说宇宙无边无界。

关于宇宙的边界问题，目前公认的是爱因斯坦的有限无界的超圆体理论。他认为宇宙是有限无界的，其直径约150亿光年，但没有边界。换句话说，就是当你向一个方向走，最终会

↓科学家都普遍认为宇宙是一个四维空间，其比三维空间多一个时间轴

回到原点。而宇宙是被四维空间堆叠成的超圆体，是一个具有有限空间体积的自身闭合的连续区。霍金认为宇宙起源于大爆炸，并且不断地向外延伸，正是星体的衰竭产生的能量才为宇宙的扩展提供了动力。但同时霍金也强调宇宙有界无限的观点只是一种设想，它不可能从其他某个原理经推演而导出，就像别的科学理论一样，它的提出最初只是基于一些美学的或者先验的理由，但实际上的验证则在于它是否能做出一些与观测相一致的预言。

根据美国国家航空航天局获得的资料，美国数学家杰弗里·威克斯提出了最新宇宙模型：一个大小有限、形状如同足球的镜子迷宫；宇宙之所以令人产生无边无界的错觉，是因为这个有限空间通过返转效应无限重复映现自身。这个理论令科学界大为震惊。

根据美国发射升空的WMAP宇宙微波背景辐射探测器获得的资料，威克斯推断，宇宙其实是有限的，且大约只有70亿光年宽度，形状为五边形组成的12面体，犹如足球。这个足球就像一个镜子迷宫，光线传来传去，所以人们会产生错觉，误以为宇宙是无限的，能无限伸展。

威克斯认为如果宇宙是无限的，那么就会有各种大小的宇宙微波背景辐射“涟漪”。而WMAP观察到了较小规模的微波背景辐射“涟漪”，这和无限宇宙理论推测的几乎一致。但是大尺度范围的“涟漪”却没能观察

↓美国数学家杰弗里威克斯提出了最新宇宙模型：一个大小有限、形状如同足球的镜子迷宫

到。在大尺度导航下，微波背景辐射“涟漪”似乎被“抹平”了。这就意味着：宇宙可能是有限的。就好像在澡盆中掀不起巨浪一样，在一个有限的宇宙中也不会有无边的“涟漪”。对此威克斯的看法是“宇宙中的任何波动也不会比宇宙还大”。

威克斯认为，尽管宇宙是有限的，但它没有具备任何性质的边界。如果一艘太空船像光一样笔直前行，最终它将回到出发点，就像环绕地球航行一样，没有任何一个点标志着你在哪里重返。由于这个特殊效应，从一个星系发出的光沿着两条不同的路径抵达地球，在地球上的观察者看来，同一个星系将出现在天空中的两个不同的地方，而误认为是两个不同的星系，具有不同的年龄。这就好像一个镜子迷宫，其中每一样事物都会有许多镜像。但是，要确认两个在不同地方的星系影像其实是同一个星系却比登天还难。

威克斯认为，由于宇宙存在返转效应，我们观察到的宇宙其实是一种幻觉，这个12面体在无休无止地重复映现它自身，如果从其中一个五边形中走出去，将从其另一面重新回到同一个地方，并且还能再观察到同样的天空、同样的星系。

关于宇宙有限无限问题的讨论，人们只是在进行着种种假设，这个问题还需要人类科学的进一步研究。

↓不识庐山真面目，只缘身在此山中对于宇宙，人类也因身处其中而无法识其真容，只能依靠观测研究来猜测它的大小、边界

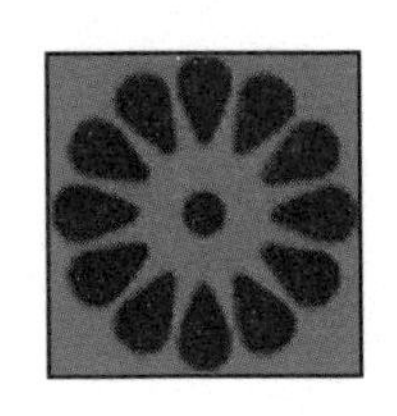

宇宙正在加速膨胀

引言：

自从哈勃发现宇宙在膨胀后，多年来，物理学界一直认为宇宙膨胀的速度是恒定的，或者是越来越慢的，但是这一认识在1998年被打破，最新的科学研究发现，宇宙正在加速膨胀。

宇宙在加速膨胀

认识Ia型超新星

由于超新星很亮，在极远的地方都能看到，所以可用来研究宇宙学。对宇宙学最有用的超新星是Ia型超新星，由于物理上的原因，每颗“Ia型超新星”爆发时质量都一致，爆炸发出的能量和射线强度也一致，因此它们的绝对亮度总是固定的，大约为太阳亮度的50亿倍。超新星离地球越远，它的视觉亮度就越低，根据这一关系，可以把Ia型超新星当作“标准烛光”来使用：根据观测到的超新星的视觉亮度，可以反推它到我们的距离。随着宇宙的膨胀，星体发出的光的波长会变长，这就是物理学上的红移。红移的大小与星体的距离大致成正比，这就是著名的哈勃定律，宇宙学这一学科就是从哈勃的天文观测开始发展起来的。美国天体物理学

↓太阳是地球的“明亮天使”，但在宇宙中，太阳并不是最亮的Ia型超新星的爆炸亮度约为太阳的50亿倍

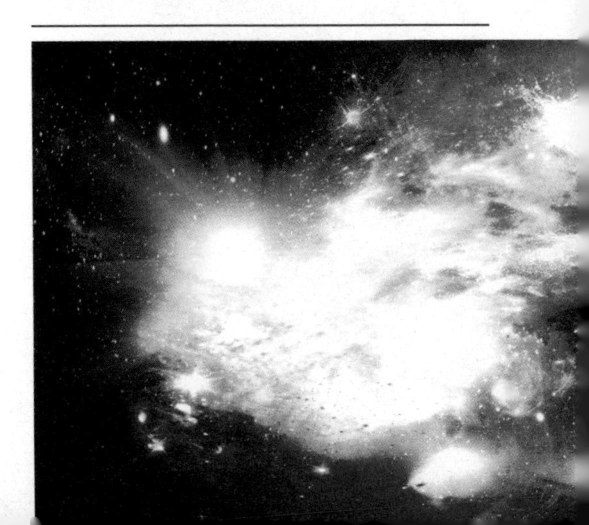

家珀尔马特说“这些光线看起来有多红就告诉了你自这个超新星爆炸以来宇宙究竟膨胀了多少。观测不同的超新星，你就能够确定出50亿年、30亿年或者10亿年前宇宙有多大，由此就能确定出宇宙是如何随着时间而膨胀的”。

宇宙正在加速膨胀

美国天体物理学家索尔·珀尔马特是劳伦斯伯克利国家实验室超新星宇宙学项目的负责人。该小队与高红移超新星搜寻队一起找到了宇宙加速膨胀的证据。

“超新星宇宙学项目”于1988年启动，经过一段时间后由于成效微弱，项目几乎被停掉。危难时刻，索尔·珀尔马特领导起了超新星观测任务。通过一番努力，这一项目得以继续下去。为了观测超新星，珀尔马特广泛联络全世界各大天文台的望远镜使用者，恳请正在使用望远镜的人帮他进行观测。早期超新星研究的一大困难在于如何保证找到超新星并拍摄到其光谱。这里除了技术上的困难外，还有获得望远镜观测时间的困难。现代的天文望远镜都是由许多天文学家共用的。一位或一组天文学家要用望远镜，需要写一份建议书，说明自己的科学目标和观测方法，经过同行评议后，由望远镜时间分配委员会根据评议结果决定分配多少时间。

↓人类就是在遥远的距离中，一点点探索着宇宙的秘密

相关链接

蟹状星云M_1是著名的“中国超新星”。位于金牛座的蟹状星云（查尔斯·梅西叶编号M_1）就是一颗超新星的残骸，它是一颗巨大恒星爆炸所产生的碎片扩散后形成的星云。蟹状星云的前身正是天文史上最负盛名的“中国超新星”，我国多部史书中都有详细记载，史称“天关客星”。

↑蟹状星云图

蟹状星云M_1的气体总质量约为太阳的十分之一，直径六光年，现正以每秒一千千米速度膨胀。星云中心有一颗直径约十千米的脉冲星。这颗超新星爆发后剩下的中子星是在1969年被发现。其自转周期为33毫秒（即每秒自转30次）。

这样，大型望远镜的观测时间表一般早就提前一年或半年定下来了。而在发现超新星之前，人们很难预先申请到这些观测时间，发现超新星后往往只好临时借用别人的观测时间进行后续观测，这很难保证获得大量数据。

珀尔马特发展了一套“批处理”的方法：他们每隔一个月，用观测条件最好的无月夜拍摄大片的星空，并立即与以往的观测进行比较，找出可能的超新星候选者，这样第二天他们就可以获得一批超新星候选者样本，然后再用10米的凯克望远镜等大型望远镜进行后续光谱观测。恰好超新星的光变周期是几个月，因此这一方法非常有效。由于一次可以得到多个超新星候选者，也就可以申请到大型望远镜的观测时间。

另一个小组是“高红移超信息研究组”，于1994年启动，领导者是布莱恩·施密特，亚当·里斯在其中起到了至关重要的作用。他们对选定天区进行曝光，然后再仔细比较和上次图像的异同。一旦发现超新星，就拍下它们的光谱。

经过研究，这两个小组的天文学家吃惊地发现，遥远超新星的亮度比预期的暗。这意味着这些超新星的距离比预期的要远。

按照过去的理论，由于引力的作用，宇宙的膨胀速度会越来越低，这样，无论如何也不可能达到如此远的距离。要想解释观测结果，唯一的可能，是宇宙膨胀速度越来越快。

↑先进的大型天文望远镜十分珍贵，并不是人人可用

对于这个发现，两个团队曾经不谋而合地认为，自己的发现是错误的，因为这个发现与科学家们的初衷：都希望发现宇宙膨胀正在减速的证据，完全相反。对此索尔·珀尔马特说："我们几乎经历了数个月的挣扎，才开始真正相信自己的研究结果。"

1998年1月，两个小组几乎同时公布了其观测结果——宇宙正在加速膨胀（其中，珀尔马特小组有42颗超新星数据，施密特小组有16颗超新星数据），这一结果轰动了物理界。

2011年，索尔·珀尔马特、布莱恩·施密特、亚当·里斯凭借这一发现获得了诺贝尔物理学奖。

什么力量使得宇宙在加速膨胀

普通的物质，甚至暗物质都只产生引力，使宇宙的膨胀减速，但有一些非常特别的物质，能产生斥力，使宇宙的膨胀加速。这个物质是什么呢？为解释宇宙的加速膨胀，物理学家们提出了许多方案，其中最主流的

知识外延

在宇宙学中，暗物质是指那些自身不发射电磁辐射，也不与电磁波相互作用的一种物质。人们目前只能通过引力产生的效应得知宇宙中有大量暗物质的存在。打个比方进行具体说明：一些小型星系只有数颗恒星，但它们的质量却是这些恒星单独质量的一百倍，中间的差值可能就是暗物质的质量。这种隐藏的物质就被科学家称作暗物质。

暗物质与暗能量被认为是宇宙研究中最具挑战性的课题，它们代表了宇宙中90%以上的物质含量，而我们可以看到的物质只占宇宙总物质量的10%不到（在4%～5%左右）。暗物质无法直接观测得到，但它却能干扰星体发出的光波或引力，其存在能被明显地感受到。科学家曾对暗物质的特性提出了多种假设，但直到目前还没有得到充分的证明。

是暗能量理论。珀尔马特一度被冠为“追寻暗能量的人”。

暗能量的存在也有一些其他方面的证据，其实早在珀尔马特和施密特、亚当·里斯公布他们的超新星观测之前，就有一些科学家根据宇宙年龄、物质密度和功率谱等因素，认为宇宙可能含有暗能量。此后，宇宙微波背景辐射、重子声波振荡等其他观测也支持宇宙中存在暗能量的理论。

虽然有众多证据显示了暗能量的存在，对于暗能量是什么，珀尔马特说：“一种解释是，暗能量是一个标量场，它的特点是在空间每一点它会从这个数值‘滚动’到另一个数值。虽然在滚动，但它的能量足以驱动宇宙加速膨胀。或者也许是爱因斯坦给出的广义相对论方程式并不完美，还需要一点点的修改。另一个有趣的解释是可能存在额外的维度，引力会渗透到那些不可见的维度里。”对于这些说法的对错，珀尔马特说：“科学研究最终会给出一个解释，但目前还没有头绪。”

爱因斯坦曾经引入的宇宙学常数

↓宇宙中的黑暗地带并不是虚空，一些不发光的暗物质、暗能量充斥其中

就是一种暗能量。但是，并没有一种物理理论能够解释为什么会有宇宙学常数，或者宇宙学常数应该是我们观测到的这么大。迄今为止，天文学家也不敢肯定，暗能量就是宇宙学常数。有许多关于暗能量的假说，但是都不能很好地解释它的性质。

暗能量的发现，如此出乎人们的预料，1998年，它被评为当年度的世界十大科学发现之首。

进一步的天文观测表明，今天宇宙中大约74%的物质是暗能量，22%的物质是不可见的暗物质，而我们所熟悉的普通物质只有4%左右。在宇宙的整个历史中，物质的引力越来越弱，暗能量所起的作用越来越强。到五六十亿年前，暗能量开始发挥作用；在此之前，宇宙是减速膨胀的；在此之后，宇宙是加速膨胀的。

宇宙的膨胀末路

发现宇宙膨胀，最终得出了今天的标准宇宙学观点，宇宙诞生于大约140亿年前的一场大爆炸。时间和空间都起始于那一时刻。从那时起，宇宙就一直在膨胀，各星系由于宇宙的膨胀而在彼此远离。若宇宙一直加速膨胀下去，它未来的命运又将如何呢？

对此美国凯斯西储大学劳伦斯·克劳斯教授说："宇宙的膨胀速

↓宇宙在加速膨胀，不知若干年后的星空是否还如此灿烂

度不断增加。直到一切都分崩离析，这并不只限于星系，还包括物质、地球、恒星、行星、人类和原子，所有的事物都会烟消云散。”

那时太阳会燃烧殆尽，大约在1千亿年后，所有的星系都会瓦解。宇宙中将只剩下孤立的恒星，这些恒星的能量也即将用尽。有些恒星会变成白矮星或褐矮星，有些会坍缩成中子星或黑洞。大爆炸之后数千万亿年，就连黑洞也会消失。所有的物质都会分解成最基本的成分。原子也会分解。最后，连构成原子的质子也会发生衰变。

克劳斯表示，宇宙的未来很可能非常凄凉，成为寒冷、黑暗和空虚的地方。随着宇宙的不断膨胀，星系也开始互相远离。太空会变成一片空虚，死一般寂静。我们的星系团将以超越光速的速度远离我们，并消失在黑暗中。宇宙最后将会死亡，剩下的只有冰冷、黑暗、死气沉沉的虚空。

对于克劳斯的观点，有人认为

↓太阳会有燃烧殆尽的一天

↑沿轨道运行的天体是宇宙生命之所在，只是不知宇宙生命是否有尽头？

这是基于宇宙会一直加速膨胀下去的结局，但问题是：目前没有人知道现在的这次加速膨胀会不会一直持续。如果未来某天，宇宙会减慢膨胀，直至重新收缩，回复到最初的状态，新一轮大爆炸又会来临，这样宇宙就会“毁灭于火”了。甚至还有人认为：宇宙的膨胀目前虽仅限于星系之间，但终有一天，星系本身也会受暗能量影响，于是，万物渐渐被撕裂成最基本的粒子，目前的一切将不复存在。对于种种猜测，珀尔马特给出了说法，他说：“应该记住，我们并不知道是什么导致了当前的加速，我们也不知道是什么在宇宙的极早期引发了暴涨时期的加速。暴涨最终停了下来，宇宙随之也开始减速。谁知道我们现在看到的加速是不是也会停止，然后宇宙开始坍缩。所以，我要说的是，除非我们搞清楚了宇宙加速膨胀的原因，否则宇宙的命运将始终是个未知的谜。”

↓目前而言，宇宙的命运是个未知之谜

物理学家将物体之间的相互作用称之为力。根据现代科学研究的成果，迄今为止人们按照力的基本性质，把各种形式的力归纳为四种基本力，即引力、电磁力、弱作用力、强作用力。其中引力和电磁力广泛地存在于宏观、微观现象中，而弱作用力和强作用力则仅仅存在于比原子核更深层的微观领域中，物理学中一切现象和一切相互作用，都是这四种基本力的结果。

人们对力的划分方式仅仅是为了便于建立部分理论，并不别具深意。

1.引力。这种力是万有的，也就是说，每一粒子都因它的质量或能量而感受到引力。引力比其他三种力都弱得多，它是物质间普遍存在的一种力。由于引力作用的强度很弱，它在我们身体里被忽略，但是我们能感觉到地球的引力。如果物体的质量很大，万有引力就显示出来，在宇宙等宏观领域中，万有引力常常起决定作用。如月球对地球的引力就使得不断自转的地球减速，在以往40多亿年里，月球至少使地球自转速度减慢了一半。

2.电磁力。它作用于带电荷的粒子（例如电子和夸克）之间，但不和不带电荷的粒子（例如引力子）相互作用。它比引力强得多：两个电子之间的电磁力比引力大约大几万万亿倍。它共有两种电荷：正电荷和负电荷。同种电荷之间的力是互相排斥的，而异种电荷则互相吸引。一个大的物体，譬如地球或太阳，包含了几乎等量的正电荷和负电荷。由于单独粒子之间的吸引力和排斥力几乎全抵消了，因此两个物体之间纯粹的电磁力非常小。然而，电磁力在原子和分子的小尺度下起主要作用。在带负电的电子和带正电的质子之间的电磁力使得电子绕着原子的核做公转，正如同引力使得地球绕着太阳旋转一样。

3.弱作用力。弱作用力又被称为弱核力，它主要表现在粒子的衰变过程中。

弱作用力制约着放射性现象，并只作用于自旋为1/2的物质粒子，而对诸如光子、引力子等粒子不起作用。弱作用力使中子衰变成质子，并释放出β射线。弱力的作用范围很短，它只发生在比原子核更深层的微观世界中。

4.强作用力。强作用力又被称为强核力，它将质子和中子中的夸克束缚在一起，并将原子中的质子和中子束缚在一起，它只能与自身以及与夸克相互作用，人们认为其作用机制乃是核子间相互交换介子而产生的。

近年来，一种新的统一理论正在兴起，称为超弦理论。这种理论认为微观粒子不是一个点，而是一条一维弦，自然界中的各种不同粒子都是一维弦的不同振动模式，并在弦的基础上形成一套量子化方法。这种理论宣称这是第一次得到的可重整化引力理论，理论中只有几个基本参数，其他参数原则上都可以在理论中计算得到，只是由于数学上的困难，暂时还算不出来。人们期望这一理论可以统一以上四种基本相互作用力。当然这还需要人类的继续努力。

↓引力是万有的，不仅表现在地球上物体的自由下落，还表现在宇宙间的各天体之间

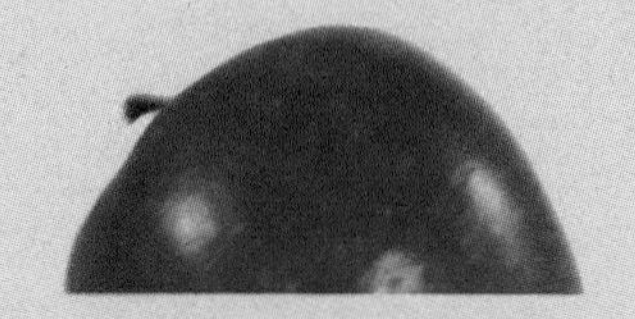

【科学探索丛书】

◎ 出版策划 膳書堂文化
◎ 组稿编辑 张 树
◎ 责任编辑 王 珺 黄婉清
◎ 助理编辑 朱 延
◎ 封面设计 膳书堂文化
◎ 图片提供 全景视觉
图为媒
上海微图